计算机集成印刷系统

罗如柏　主　编

周世生　副主编

罗如柏　周世生　赵金娟　蒋　磊　编　著

机械工业出版社

本书共 13 章，分三个层次循序渐进地介绍了计算机集成印刷系统（CIPPS）。第一层次介绍了系统与系统优化的基本理论、印刷系统的数字化和相关成熟技术，如 PJTF 和 PPF 等数据格式，这是 CIPPS 的理论基础和技术基础；第二层次重点阐述了 XML 语法、JDF 基本理论和基于 JDF 的计算机集成印刷系统，这是 CIPPS 的集成理论和使能技术；第三层次介绍了 JDF 相关软件的开发技术，为 CIPPS 的研发提供了一定的基础知识。本书在知识体系方面力求做到系统性和完整性，在论述过程中重视理论与工程实践的结合。

本书可作为高等学校印刷工程专业、包装工程专业相关课程的教材或教学参考书，也可作为印刷工程技术人员的参考书。

本书配有高质量的电子课件，免费提供给选用本书的授课教师，需要者请登录机械工业出版社教育服务网（www.cmpedu.com）注册，免费下载。

图书在版编目（CIP）数据

计算机集成印刷系统 / 罗如柏等编著. —北京：机械工业出版社，2016.9
ISBN 978-7-111-54828-7

Ⅰ. ①计… Ⅱ. ①罗… Ⅲ. ①计算机应用-印刷 Ⅳ. ①TS801.8

中国版本图书馆 CIP 数据核字（2016）第 217206 号

机械工业出版社（北京市百万庄大街 22 号 邮政编码 100037）
策划编辑：刘 涛 责任编辑：刘 涛 陈瑞文
责任校对：陈延翔 封面设计：马精明
责任印制：李 洋
北京振兴源印务有限公司印刷
2016 年 10 月第 1 版·第 1 次印刷
184mm×260mm·11.75 印张·284 千字
标准书号：ISBN 978-7-111-54828-7
定价：38.00 元

凡购本书，如有缺页、倒页、脱页，由本社发行部调换
电话服务 网络服务
服务咨询热线：010-88379833 机 工 官 网：www.cmpbook.com
读者购书热线：010-88379649 机 工 官 博：weibo.com/cmp1952
教育服务网：www.cmpedu.com
封面无防伪标均为盗版 金 书 网：www.golden-book.com

前　言

随着计算机技术的不断发展，印刷系统中各单元设备的自动化程度也得到不断提高。然而，如何使这些自动化的设备单元形成一个完整的、高效的印刷系统则是当前印刷工业界正在研究并已得到部分解决的重要问题。目前，部分成熟的集成技术已在印刷系统中使用并获得了良好的效果，如 PJTF、PPF 和 JDF 等技术。"计算机集成印刷系统"（Computer Integrated Print Production System，CIPPS）课程就是在当前的工业背景下提出的，作者希望通过讲授这门课程，让印刷工程专业的本科生能够系统地了解和掌握相关的知识，以适应当前印刷系统发生的变革，并能积极地参与到这次技术革命中。

计算机集成印刷系统是"计算机集成制造"理论和方法在印刷系统中进一步应用和发展的结果，是传统印刷系统通过对若干计算机集成理论和技术进行优化而形成的具有数字化、自动化、高度集成等特征的印刷制造系统。在工业 4.0 的大背景下，计算机集成印刷系统将会在印刷工业中扮演越来越重要的角色。为了推进计算机集成印刷系统课程体系的建立和加强教材建设工作，教育部高等学校印刷工程教学指导委员会于 2014 年将《计算机集成印刷系统》列入规划教材，西安理工大学教材建设委员会将本教材列入 2015 年度教材建设立项资助项目。

本书的编写围绕系统论、印刷系统的计算机集成、CIPPS 的使能技术这一主线对计算机集成印刷系统展开论述，力求做到系统性和完整性。同时，注意介绍印刷数字化领域的最新进展和融入最新的研究成果，努力做到深入浅出。

本书的编写工作由罗如柏、周世生、赵金娟和蒋磊共同完成。其中，第 1 章由周世生编写，第 6 章和第 7 章由赵金娟编写，第 4 章由蒋磊编写，其余由罗如柏编写。全书由罗如柏担任主编，负责统稿和定稿工作，由周世生担任副主编。

为了任课老师能方便地使用本书，本书配有高质量的教学课件，免费提供给任课老师。

计算机集成印刷系统内容丰富，发展日新月异。由于编者能力有限，书中内容难免有不妥之处，希望读者对本书叙述不妥之处给予批评指正，以便今后修订提高。

罗如柏

于古城西安

目　录

第1章

绪论

随着计算机技术的不断发展，印刷系统中各单元设备的自动化程度也得到不断提高。然而，如何使这些自动化程度高的设备形成一个完整、高效的印刷系统是当前印刷工业正在研究并已获得部分解决的重要问题。目前，已有成熟的集成技术在印刷系统中使用并获得了良好的效果。"计算机集成印刷系统"（Computer Integrated Print Production System，CIPPS）这门课程就是在当前的工业背景下提出的，以期读者通过学习此门课程，能够系统地了解和掌握相关知识，以适应当前印刷系统发生的变革，并能积极地参与到这次技术革命中。

1.1 学习 CIPPS 的必要性与迫切性

设置"计算机集成印刷系统"这门课程最直接的原因是目前市场对"计算机集成印刷系统"人才的需求。

当前，全球的印刷工业都进入了"微利时代"，如何在微利时代控制生产成本，提高生产效率和增强市场竞争力是必须面对和解决的问题。目前，印刷工业已经通过提高单元设备的自动化程度来提高印刷系统的生产效率。然而，自动化技术发展到一定程度后，自动化技术对提高生产效率的贡献率将越来越小，随之而来的就是如何将印刷系统中的单元设备集成在一起，变成"大机器生产"。所谓"大机器生产"就是要让单元设备间相互协调，成为一个有机的整体，实现单元间具有附加效益的增值集成（1 + 1 > 2），而不是没有附加效益的、简单的、"拼盘式"一次性的线性集成（1 + 1 = 2 甚至 < 2）。正是这种现实的技术需求，使得这一领域人才的培养变得必要和迫切。

此外，在印刷系统集成领域，国外的技术更成熟。现在用于印刷系统信息集成的各种数据格式（如 PJTF、PPF 和 JDF 等）和集成理论及解决方案都是外国专家提出或制定的；另外，各种用于印刷系统集成的软件和设备的高端市场基本是由国外公司占据的。因此，要加快提高我国在此领域的竞争力，除了要积极引进各种先进设备，相关人才的培养也十分重要。只有我国自身具备相关人才，才能吸收、转化从国外引进的先进技术与设备，同时为生产具有自主知识产权的产品提供智力支持。

1.2 CIPPS 课程的主要内容与学习目的

根据教育部印刷工程教学指导分委员会的安排，由西安理工大学担任"计算机集成印刷系统"课程知识体系的制定者。"计算机集成印刷系统"是"计算机集成制造"（CIM）的理论和方法在印刷系统中进一步应用和发展的结果，是传统印刷系统通过对若干计算机集成理论和技术进行优化而形成的具有数字化、自动化、高度集成等特征的印刷系统。因此，"计算机集成印刷系统"将更多地关注印刷系统在控制和管理层面上的计算机集成理论和技术，而硬件执行层面的设备自动化技术不是本课程关注的重点。也就是说，"计算机集成印刷系统"课程重点强调的是实现计算机集成印刷系统的集成理论和现有的成熟技术。

根据"计算机集成制造"的理论，制造系统在集成过程中由初级到高级将分别经历三个发展阶段：信息集成、过程集成和企业集成。信息集成阶段的核心工作是解决系统内信息正确、无障碍地高效共享和交换问题；过程集成则是在信息集成的基础上实现工艺过程的优化重构，提高生产效率；企业集成则要让企业能够充分地利用全球的制造资源，并能更快、更好、更经济地响应市场。纵观全球印刷工业发展现状，目前计算机集成印刷系统应该还处于发展的初期，即以信息集成为发展核心，重点解决印刷系统中复杂异构信息的集成问题，如 PDF、PPF、PJTF 和 JDF 等数据格式就是其中的相关技术。所以在学习本课程时，"数字传票的数据格式"要作为成熟技术部分的核心内容之一。

本书的编写目的，就是希望读者能够通过系统地学习书中的各知识点，理解计算机集成印刷系统中印刷系统的计算机集成优化思想，特别是信息集成的优化思想，熟悉目前成熟的信息集成技术（重点是 PJTF、PPF 和 JDF 等数据格式）以及集成解决方案（重点是印前数字化工作流程技术、印刷和印后的生产参数预设技术），重点掌握基于 JDF 数据标准的集成理论和技术。

1.3　CIPPS 课程的学习方法

"计算机集成印刷系统"是理论与工业实践紧密结合、宏观制造科学与单元技术呼应的一门课程，为了使读者能够较好地学习和掌握本门课程的知识点，建议在学习过程中坚持以下四个统一：

（1）宏观集成思想与单元技术的统一　计算机集成印刷系统本身就是一个非常宏大的命题。总体来说，"计算机集成制造"是一种先进的制造科学，正是在这种制造科学的指引下，进一步发展相应的智能技术，从而最终实现真正的"计算机集成制造系统"。因此应首先掌握计算机集成印刷系统的集成思想，然后在集成思想的指导下学习各单元技术，并思考单元技术如何实现了哪些集成思想。

（2）积极借鉴 CIMS 的成熟理论与注重印刷系统特殊性的统一　CIMS 不是一个新鲜的概念，早在 1973 年就由美国的约瑟夫·哈灵顿（Joseph Harrington）博士提出。目前，在机械加工行业 CIMS 应用得比较成熟，而印刷工业最早提出应用 CIMS 大概是在 20 世纪 90 年代中期。因此，学习"计算机集成印刷系统"时可以积极借鉴其他行业中 CIMS 的成熟理论。但要明晰印刷系统和机械制造系统有着本质的区别，如印刷工艺复杂而多样、印刷加工更多的是材料的增量加工等。所以 CIM 理论必须根据印刷系统的特点进一步发展，实现"本地化"，才能真正地指导"计算机集成印刷系统"的实现。

（3）关注已有典型的成熟技术与重点关注当前最有生命力的技术的统一　在实现计算机集成印刷系统的道路上，已经产生了很多种数字作业传票格式，如 PPF、PJTF 和 JDF 等。

目前，PPF 和 PJTF 是作为老一代的数据格式而存在，由于其覆盖印刷范围的有限性而逐渐被 JDF 替代。根据目前国际印刷设备的现状，PPF、PJTF 和 JDF 都有兼容的设备，因此读者在学习时，不仅要学习好 PPF 和 PJTF 这些成熟数据格式的信息描述原理和思想，还要花费更多的精力来学习 JDF 的相关知识。

（4）单元技术与其典型应用案例分析的统一 在学习过程中，孤立的单元技术学习往往会让学生感觉到非常抽象。特别是工程技术，纯理论更不利于理解该技术的功能和应用。因此，在学习单元技术知识点时，要结合其在印刷系统中典型的应用案例，如在学习 PPF 技术时要结合"基于 PPF 的印刷机墨量和印后设备生产参数的预设"，在学习 PJTF 技术时要结合"基于 PJTF 集成的印前工作流程及流程内部数据交互过程"等。

第 **2** 章

系统与系统优化

"计算机集成印刷系统"研究的对象是"印刷系统",它是通过"计算机集成"这一系统集成手段进行系统优化后得到的"印刷系统"。显然,系统的概念是计算机集成印刷系统的基础概念之一。为了理解"计算机集成印刷系统"的概念,首先了解系统论与系统优化的概念是十分必要的。

2.1 系统论概述

2.1.1 系统论的发展

系统思想源远流长,"系统"一词来源于古希腊语,是"由部分构成整体"的意思。但作为一门科学的系统论(System Approach),最早可以追溯到 20 世纪 30 年代,人们公认是美籍奥地利人、理论生物学家 L. V. 贝塔朗菲(L. Von. Bertalanffy)创立的。当时人们在一些学科的研究中,尤其是在生物学、心理学和社会科学中,发现系统的一些固有性质与个别系统的特殊性无关,也就是说,若以传统的科学分类为基础研究,则无法发现和搞清系统的主要性质。贝塔朗菲针对这些问题展开研究,在 1932 年提出"开放系统理论",提出了系统论的思想;在 1937 年提出了一般系统论原理,奠定了这门科学的理论基础。但是他的论文《关于一般系统论》到 1945 年才公开发表,其理论直到 1948 年他在美国再次讲授"一般系统论"时,才得到学术界的重视。确立这门科学学术地位的标志是 1968 年贝塔朗菲发表的专著——《一般系统理论:基础、发展和应用》(《General System Theory:Foundations,Development,Applications》),该书被公认为是这门学科的代表作。

"系统论"在贝塔朗菲的研究推动下,逐渐被人们认为是一种综合性的学科。1954 年一般系统理论促进协会得以成立,系统的研究逐渐进入了一个蓬勃发展的时代。1957 年美国人古德写的《系统工程》一书的公开出版,使"系统工程"一词又被广泛地确认下来。系统工程是用一般系统理论的概念和方法来解决许多社会、经济、工程中的共同问题,如能观性、能测性、可控性、可靠性、稳定性、最佳观察等。到了 20 世纪 70 年代,计算机技术开始快速发展和广泛应用,系统工程的思想有了充分实现的可能性,因而在更多的领域中得到应用,从军事、航天系统到装备制造、水利、电力、交通、通信等系统,从技术工程到企业管理、科技管理、社会管理系统,系统工程的方法已渗入到生活生产的各个领域。由于系统工程应用得如此广泛,因此,系统论日益与控制论、信息论、运筹学、系统工程、计算机和现代通信技术等新兴学科相互渗透、紧密结合。

系统论认为，整体性、关联性、等级结构性、动态平衡性、时序性等是所有系统共同的基本特征。这些，既是系统论所具有的基本思想观点，也是系统方法的基本原则，表现了系统论不仅是反映客观规律的科学理论，还具有科学方法论的含义，这正是系统论这门科学的特点。贝塔朗菲曾表示使用"System Approach"来命名系统论的原因是："System Approach"可直译为系统方法，也可译成系统论，即它既可代表概念、观点、模型，又可表示数学方法，这正好表明了这门学科的性质特点。系统论作为计算机集成印刷系统的基础理论之一，计算机集成印刷系统当然也继承了系统论的反映客观规律的科学理论，以及科学方法论的特点。

2.1.2　系统的定义

"系统"的概念从古希腊语开始，到"系统论"的建立与发展，人们已从各种角度研究了系统，对系统下的定义不下几十种。如说"系统是诸元素及其顺常行为的给定集合""系统是有组织的和被组织化的全体""系统是有联系的物质和过程的集合""系统是许多要素保持有机的秩序，向同一目的行动的东西"等。一般系统论则试图给一个能表示各种系统共同特征的一般的系统定义，通常把系统定义为：由若干相互联系、相互作用、相互依赖的要素以一定结构形式联结构成的，具有某种不同于组成要素的新的性质和功能，并处在一定环境下的有机整体。具体来讲，系统的各要素之间、要素与整体之间，以及整体与环境之间，存在着一定的有机联系，从而在系统的内部和外部形成一定的结构。可以讲，要素、联系、结构、功能和环境是构成系统的五个基本条件。

"要素"是指构成系统的基本成分。要素和系统的关系是部分与整体的关系，具有相对性。一个要素只有相对于由它和其他要素构成的系统而言，才是要素；而相对于构成它的组成部分而言，则是一个系统。

"联系"是指系统要素与要素、要素与系统、系统与环境之间的相互作用关系。所谓相互作用主要指非线性作用，它是系统存在的内在根据，是构成系统全部特性的基础；系统中当然存在着线性关系，但不构成系统的质的规定性。"联系"表明系统内的要素处于不断的运动之中，系统中任何一个要素的变化都会影响其他要素的变化，进而影响系统的发展；同时，要素的发展也要受到系统的制约，这是因为系统的发展是要素或部分存在和发展的前提。此外，作为一个整体的系统与它的环境进行物质、能量和信息的交换，形成了从系统的输入端到系统输出端的物质流、能量流和信息流。总之，事物是在联系中运动，在运动中发展着联系。

"结构"是指系统内部各要素之间的联系方式。每一个系统都有自己特定的结构，它以自己的存在方式规定了各个要素在系统中的地位与作用。结构是实现整体大于部分之和的关键，结构的变化制约着整体的发展变化，构成整体的要素间发生数量比例关系的变化，也会导致整体性能的改变。总之，系统的整体功能是由结构来实现的。

"功能"是指系统与外部环境在相互联系和作用的过程中所产生的效能，它体现了系统与外部环境之间的物质、能量和信息的交换关系。系统的功能取决于过程的秩序，如同要素的胡乱堆积不能形成一定的结构一样，过程的混乱无序也无法形成一定功能。从本质上说，系统功能由元素、结构和环境三者共同决定，并由运动表现出来。离开系统和要素之间及其外部环境之间的物质、能量和信息的交换过程，便无从考察系统的功能。

"环境"是指系统与边界之外进行物质、能量和信息交换的客观事物或其总和，它与系统相关联的，但对系统内部的构成关系不再起作用的外部存在。系统边界将起到对系统的投入与产出进行过滤的作用，在边界之外是系统的外部环境，它是系统存在、变化和发展的必要条件。虽然由于系统的作用，会给外部环境带来某些变化，但更为重要的是，系统外部环境的性质和内容发生变化，往往会引起系统的性质和功能发生变化。因此，任何一个具体的系统都必须具有适应外部环境变化的功能，否则，将难以获取生存与发展。

在运用系统论对系统进行研究时，要遵循系统论的核心思想和基本思想方法。

"系统的整体观念"是系统论的核心思想。任何系统都是一个有机的整体，它不是各个部分的机械组合或简单相加，系统的整体功能是各要素在孤立状态下所没有的新性质。贝塔朗菲反对那种认为要素性能好，整体性能一定好，以局部说明整体的机械论的观点。同时他还认为，系统中各要素不是孤立地存在着，每个要素在系统中都处于一定的位置，起着特定的作用；要素之间相互关联，构成了一个不可分割的整体；要素是整体中的要素，如果将要素从系统整体中割离出来，它将失去要素的作用。正如"手"这一器官，在人体系统中是劳动的器官，一旦将手从人体系统中分离出来，那时它将不再具备劳动的功能了。

系统论的基本思想方法就是把所研究和处理的对象当作一个系统，分析系统的结构和功能，研究系统、要素、环境三者的相互关系和变动的规律性，并以系统观点看问题，世界上任何事物都可以看作一个系统，系统是普遍存在的。大至浩瀚的宇宙，小至微观的原子，一粒种子、一群蜜蜂、一台机器、一个工厂等都是系统，整个世界就是系统的集合。

2.1.3 系统的分类

系统是多种多样的，可以根据不同的原则和情况来划分系统的类型。

1. 按系统的复杂性分类

从系统的综合复杂程度方面考虑可以把系统分为物理、生物和人类三类。具体地，物理类分为框架、钟表和控制机械三等；生物类分为细胞、植物和动物三等；人类分为人类、社会和宇宙三等，如图 2-1 所示。

由图 2-1 可以看出，系统的复杂性由下向上不断增强：

（1）框架　是最简单的系统。如桥梁、房子，其目的是为交通和居住，其部件是桥墩、桥梁、墙、窗户等，这些部件有机地结合起来提供服务。它是静态系统，虽然从微观上说它也在动。

（2）钟表　它按预定的规律变化，什么时候到达什么位置是完全确定的，虽动犹静。

图 2-1　按系统的复杂性分类

（3）控制机械　它能自动调整，如把温度控制在某个上下限内或控制物体沿着某种轨道运行。当因为偶然的干扰使运动偏离预定要求时，系统能自动调节回去。

（4）细胞 它有新陈代谢的能力，能自繁殖，有生命，是比物理系统更高级的系统。

（5）植物 这是细胞群体组成的系统，它显示出单个细胞所没有的作用，它是比细胞复杂的系统，但其复杂性比不上动物。

（6）动物 动物的特征是可动性。它有寻找食物、寻找目标的能力，对外界是敏感的，也有学习的能力。

（7）人类 人有较大的存储信息的能力，人说明目标和使用语言的能力均超过动物，人还能懂得知识和善于学习。人类系统还指以人作为群体的系统。

（8）社会 是人类政治、经济活动等上层建筑的系统。组织是社会系统的形式。

（9）宇宙 它不仅包含地球以外的天体，而且包括一切人类所不知道的任何其他东西。

这里（1）~（3）层是物理系统，（4）~（6）层是生物系统，（7）~（9）层是最复杂的系统。计算机集成印刷系统是社会系统，是属于第八等的系统。

2. 按系统的功能分类

按照系统功能，即按照系统服务内容的性质分类，可把系统分为社会系统、经济系统、军事系统、管理信息系统和印刷系统等。不同的系统为不同的领域服务，有不同的特点。系统工作的好坏主要看功能实现的好坏，因此这样的分法是最重要的分类方法之一。

3. 按系统与外界环境的关系分类

按系统和外界环境的关系分类，可以将系统分为开放系统和封闭系统。开放式系统是指不可能和外界环境分开，或可以分开，但分开以后系统的重要性质将会变化的系统。如印刷厂就是一个不能与外界分开的开放系统，若不让纸张油墨等原材料进来，不让顾客来购买印刷服务就不称其为印刷厂。封闭式系统是指可以把系统和外界环境分开，外界环境不影响系统重要性质的复现，如在超净车间中研究制造集成电路。封闭式系统和开放系统有时也可能互相转化。我们说企业是个开放式系统，但如果将全国甚至全球都当成系统以后，那么总的系统就转化为封闭式系统。

4. 按系统的人类干预情况分类

按系统的人类干预情况分类，可以将系统分为自然系统和人工系统。自然系统指以天然物为要素，由自然力而非人力所形成的系统，如天体系统、气象系统、生物系统、生态系统、原子系统等。人工系统指由人力形成的系统，如设备系统和信息管理系统等。

5. 按系统的内部结构分类

按系统内部结构分类，可把系统分为开环系统和闭环系统。开环系统又可分为一般开环系统和前馈开环系统，如图2-2a所示。闭环系统又可分为单闭环和多重闭环系统，如图2-2b所示，闭环中既可能包括反馈，又可能包括前馈。

2.1.4 系统的特征

无论是何种分类的系统，它们都具有以下四个共同的特征：

1. 整体性

系统的整体性又称为系统性，通常理解为"整体大于部分之和"。这就是说，系统的功能不等于要素功能的简单相加，而是往往要大于各个部分功能的总和。它表明要素在有机地组织成为系统时，这个系统已具有其构成要素本身所没有的新质，其整体功能也不等于所组

图 2-2　按系统的内部结构分类
a) 开环系统　b) 闭环系统

成要素各自的单个功能的总和。

　　根据整体性的这一特点，在研究任何一个对象时，不能仅研究宏观上的整体，也不能仅研究各个孤立的要素，而是应该了解整体是由哪些要素组成的以及在宏观上构成整体的功能。这就是说，人们在认识和改造系统时，必须从整体出发，从组成系统的各要素间的相互关系中探求系统整体的本质和规律，把握住系统的整体效应。例如，教育管理者在分析课堂教学系统时，在找到教师和学生这两大要素之后，必须从教师和学生、学生和学生之间的关系入手，并且还要注意到这些关系不是一成不变的。教育管理者只有把这些关系和关系的改变考虑在内，才能从整体上把握课堂教学的性质和规律。因此，全方位地分析多个变量因素及其内在联系，使局部服从整体，使整体功能为最优，应成为每一个系统研究者分析和解决问题的出发点。

2. 层次性

　　任何较为复杂的系统都有一定的层次结构，其中低一级的要素是它所属的高一级系统的有机组成部分。系统与要素、系统与环境是相对的，就自然界而言，从宇宙大系统到基本粒子系统，存在着若干层次，各层次之间又相互交叉，相互作用。从社会生活来看，公共领域和非公共领域是社会生活的两大基本领域，因此可以把现代社会的管理划分为公共管理和企业管理两大类型。而在公共管理和企业管理之下，还可划分为许多不同层次的管理子系统，这样逐层都有着系统与要素的关系。一般而言，系统的运动能否有效及效率高低，很大程度上取决于能否分清层次。因此，研究系统的层次性对于实行有效管理具有重要的意义。当人们面临一个复杂系统时，首先，应搞清它系统等级，明确在哪个层次上研究该系统。其次，运用分析和综合的方法，根据系统的实际情况把系统分为若干个层次，然后把系统的各个部分、各个方面和各种因素联系起来，考察系统的整体结构和功能。在此基础上，进一步明确层次间的任务、职责和权利范围，使各层次能够有机地协调起来。

3. 目的性

　　所谓目的性，是指系统在一定的环境下，必须具有达到最终状态的特性，它贯穿于系统发展的全过程，并集中体现了系统发展的总倾向和趋势。一般而言，系统的目的性与整体性是紧密联系在一起的，若干要素的集合就是为了实现一定的目的，可以说，没有目的就没有要素的集合。因此，人们在实践活动中必须先确定系统应该达到的目的，以明确系统可能达到什么样的最终状态，以便依据这个最终状态来研究系统的现状与发展。其次，实行反馈调节，使系统的发展顺利导向目的。例如，企业就是以盈利为目的而进行生产和服务的经济组织，在市场经济下，企业的生命力在于其经济效益，因此，经济效益的最大化是企业组织追逐的根本目标。由于经济效益是通过企业盈利来实现和衡量的，因此管理者必须运用反馈控制的方法，使企业的其他目标能够顺利地服务和服从于这一总目标。

4. 适应性

任何系统都存在于一定的环境之中，都要和环境有现实的联系。所谓适应性，就是指系统随环境的改变而改变其结构和功能的能力。系统在适应性方面涉及三种不同的情况：第一，系统原有稳定状态被破坏后，逐渐过渡到一个新的稳定状态，即依靠系统本身的稳定性来适应环境的改变；第二，当系统稳态被破坏后，依靠系统内部或人为提供的一个特殊机制，抗拒环境的干扰，修补被破坏的因素，使系统回到原来的稳定状态；第三，系统由于突然的、强大的干扰，稳态结构迅速被破坏，一个新的稳定形态迅速形成。

基于系统的上述特征，在认识和改造一个制造系统对象的过程中，应该遵循以下四个系统原理的原则：

（1）动态相关性原则 该原则是指任何企业制造系统的正常运转，不仅要受到系统本身条件的限制和制约，还要受到其他有关系统的影响和制约，并随着时间、地点以及人们的不同努力程度而发生变化。

（2）整分合原则 该原则的基本要求是充分发挥各要素的潜力，提高企业制造系统的整体功能，即首先要从整体功能和整体目标出发，对目标对象有一个全面的了解和谋划；其次，要在整体规划下实行明确的、必要的分工或分解；最后，在分工或分解的基础上，建立内部横向联系或协作，使系统协调配合、综合平衡地运行。

（3）反馈原则 它指的是成功而高效的控制与管理，离不开灵敏、准确、迅速的反馈。

（4）封闭原则 该原则是指在任何一个制造系统内部，控制手段和管理过程等必须形成一个连续封闭的回路，才能形成有效的生产控制与管理。

2.2 系统的优化

2.2.1 系统结构的优化

为优化系统的性能，对系统结构进行一些改变常常是有效的。在制造系统中经常应用的方法有分解、归并和解耦三种。所谓分解就是把一个大系统按各种原则分解为子系统。所谓归并是把联系密切的子系统合并到一起，减少子系统之间的联系，使接口简化并且清楚。解耦是在相互联系很密切的子系统间加进一些缓冲环节，使它们之间的联系减弱，相互依赖性减小。解耦常通过缓冲库存、松弛资源和应用标准来实现，如图2-3所示。

应用缓冲库存可使前后两个子系统相对独立。如在生产线中间有个原料库存，生产就不至于因为原材料输送的问题而停顿。在信息系统中往往用缓冲存储器或暂存文件来协调外部设备和主机运行速度的不一致，从而提高了整个系统的效率。

松弛资源应用于当一个子系统的输出直接作为另一子系统的输入的情况。这种应用可以使两个系统相对独立。这种材料、能力、时间上的松弛使两个系统不会产生不一致的现象。

应用标准可以把系统间的联系切断，前面系统只要产生达到标准的产品，后面系统只要按照标准接收产品，这样就简化了系统的通信。在管理中的质量标准、成本标准等，在信息系统中的标准代码、标准格式等，充分利用这些标准对系统进行控制是很有效的方法。

利用解耦不仅减少了系统间的物理联系，而且可以减少系统间的通信。利用解耦可以提高系统的能力，但其也有缺点：解耦是局部的优化，未必是全局的优化，甚至可能是全局的劣化，如过分强调生产线的效率，库存费用大大增加，可能使全局费用升高。因而如何利用解耦，还要根据具体的情况分析。但一般来说，子系统间联系越紧，对控制要求也就越高，如日本的零库存生产线。子系统之间的联系越松，系统间的通信要求越少，越有利于调动子系统的积极性。

图 2-3　系统解耦的办法
a）缓冲库存　b）松弛资
源的应用　c）应用标准

2.2.2　系统集成的优化

系统集成是为了达到系统目标将可利用的资源有效地组织起来的优化过程和结果。系统集成的结果是将部件或小系统联成大系统。单个计算机一般不能算是系统集成，把多个计算机用网络连接起来就可算是系统集成。把生产管理系统、生产控制系统和管理信息系统（MIS）连通，这也属于系统集成，而且是比计算机联网更高级的集成。

系统集成在概念上绝不只是连通，而是有效地组织。有效地组织意味着系统中每个部件均得到有效的利用，或者反过来说，为了达到系统的目标所耗的资源最少，包括系统内运行设备和系统运行消耗最少。系统集成是要达到系统的目标，这个目标总是要达到"1 + 1 > 2"，即系统的总效益大于各部件效益的总和，集成的系统所达到的效益是每个分系统单独工作无法实现的。

系统集成已被视为系统优化的重要手段。因为系统集成后的系统是系统之上的系统，是复杂的系统，是关系全局的系统，如果没有系统集成，则系统效益实现就会出现瓶颈，各部件的潜能效益均无法发挥。国内现在大多数印刷企业购买的各种印刷工作流程软件、带有中央控制台的印刷和印后设备等软硬件没有发挥出应有的系统效益，这些都是集成效果不佳所致。

综上所述，系统解耦与系统集成是系统优化的有效手段，但它们又有着本质的区别：系统结构的优化是局部的、战术上的优化，而系统集成是全局的、战略上的优化。

在不同企业和不同应用场景下，集成系统具有不同的构成和功能。像其他任何对象的分类一样，由不同的角度可以把系统集成分为不同的类型。按照覆盖范围可以分为部门级集成、企业级集成、企业间集成；按照系统之间的耦合紧密程度可以分为松散集成和紧密集成；按照企业集成的方向可以分为横向集成和纵向集成；按照系统集成优化的程度可以分为连通集成、共享集成和最优集成；按照系统集成实施的具体程度可以分为概念集成、逻辑集成和物理集成；按照系统集成的深度可以分为信息集成、过程集成和企业集成。

1. 按照覆盖范围分类

部门级集成是指由多个不同的功能系统通过集成形成功能更强的集成化系统，如 ERP 系统与印前流程系统。企业级集成是指一个企业内部业务过程的集成。企业间集成是指一个企业的业务过程与另外一个企业的业务过程集成，或不同的企业共享一些业务过程。

2. 按照耦合紧密程度分类

松散集成是指系统之间仅仅交换信息而不管对方是否能够解释这个信息，或者说它们的集成仅仅是语法层的集成，而不是语义层的集成。两个系统被称为紧密集成，当且仅当：①每个系统的内部规格（Specification）仅仅由本系统知道，即本系统不知道其他系统的定义；②两个系统共同为完成一个任务做贡献；③两个系统对于它们之间交换的（概念）信息有相同的定义。例如，使用不同技术和语言建立起来的两个系统，它们采用相同的标准协议来交换信息，就称为紧密集成。

3. 按照企业集成的方向分类

横向集成是指从产品需求到产品发运业务过程的集成，它跨越了组织壁垒。这种集成通常依赖于所使用的技术（受到数据交换量、所使用的数据交换格式、使用局域网还是广域网等因素的约束），它主要考虑的是与技术相关的流，即物料流和技术文档流。纵向集成是考虑不同的企业管理层之间的集成，即决策集成，它主要涉及决策流的集成，上级管理层的指令或目标传递到下级管理层，反馈信息或状态报告由下层传递到上层。

4. 按照系统集成的优化程度分类

（1）连通集成 顾名思义就是首先保证设备能互相连通。这个要求好像是出自网络的要求。尽管计算机桌面处理，用户友好的软件以及一些通信设备能很好地工作，但连通的目标仍然是很难实现的。连通性（Connectivity）是指计算机和以计算机为基础的设备在无人干涉的情况下相互通信和共享信息的性能。缺乏连通性的情况是很多的，例如：

1）计算机经常不能从主干机器或其他品牌的计算机取得信息。

2）下游设备不能直接读取上游设备产生的数据。

3）由于不同设备有自己的通信规范，因此不同公司的设备很难建立互通的网络。

连通性不只是联网而已，还应具有其他一些性能。例如，应用程序兼容性，同样的软件可应用于不同的机器上；移植性，由老一代软件移植到新一代软件上；协同处理性，利用主干机、部门机和计算机联网，协同解决同一个问题；信息兼容性，在不同的硬件平台和软件应用程序间共享计算机文件；互用性，软件应用程序应用于不同的硬件平台，而又保持一样的用户界面和功能的能力。所以在一个大的计算机系统中连通性的要求是很多的，当前的大多数系统均没有达到理想的程度。

（2）共享集成 是指整个系统的信息能被系统中所有的用户共享。这种要求看起来很容易做到，但实际上是很难的。一般来说，这里应当有个共享的数据库，其内容为全系统共享，而且要维护到最新状态。除此之外，所有用户的数据在有必要时，也容易接受其他用户在访问权限内的访问。共享集成还可以包括应用软件的共享，在网络上提供很好的软件，用户容易应用或下载，不必要每台机器均独立装设许多软件等。目前，"云服务"技术将成为实现共享集成的重要支撑技术之一。

（3）最优集成 是最高水平的集成，是理想的集成，但也是很难达到的集成。一般只有在新建系统时才能达到。在新建系统时，充分了解系统目标，自顶向下，从全面到局部，进行规划,合理确定系统的结构,从全局考虑各种设备和软件的购置,达到总经费最省,性能最好。实际上随着时间的推移和环境的改变,原来最优的系统,在开始设计时它是最优的,建成以后就不再是最优的了。所以最优系统实际上是相对的,最优系统是持续优化的过程和结果。

5. 按照系统集成实施的具体程度分类

形象地说,概念集成是看不见摸不着的;逻辑集成是看得见摸不着的;而物理集成是看得见摸得着的。它们一个比一个更具体,但从重要性来说,概念集成是最重要的,是决定一切的。

现实问题总要经过人的表达,根据这种表达提取经验与知识,接着就要进行概念的集成。首先是定性地给出解决问题的思路,有可能的话,给出定量的边界,勾画出系统集成的模型或框架;然后再利用深入的知识,包括规则和公式,将其深化成为逻辑集成模型,利用逻辑集成模型和状况表达比较,以确定集成策略能否很好地解决这个问题,最后再进行物理集成和实现。

概念集成是最高层抽象思维的集成,它是定性的,依据经验和知识来确定解决问题的总体思路。集成策略是进行集成的执行途径。往往由于集成策略的不正确,很好的集成思想无法得到实现。由概念集成到逻辑集成,再到物理集成是一个由概念到逻辑,再到物理实施的过程,也可说是系统集成从战略到战术、从抽象到具体的思维与实现过程。

6. 按照系统集成的深度分类

(1)信息集成 是指系统中各子系统和用户的信息采用统一的标准、规范和编码,消除数据冗余,实现系统内具有数据形式统一和全系统信息共享。显然,标准化是信息集成的基础。

(2)过程集成 是将一个个孤立的应用集成起来形成一个协调的企业运行系统。如对过程进行重构(Process Reengineering),因改变造成产品开发过程经常反复的串行过程和并发过程,尽可能多地转变为并行过程,在设计时就考虑到后续工作中的可制造性,把设计开发中的信息大循环变成多个小循环,从而减少反复,缩短开发时间。

(3)企业集成 是指为提高自身的市场竞争力,企业必须面对全球制造的新形势,充分利用全球的制造资源,以便更好、更快、更节省地响应市场。

系统集成是一个逐步发展、逐步完善的过程,最终的集成系统就是计算机集成制造系统(CIMS)。

2.2.3 系统性能的评价

判断一个优化后的系统的好坏可以从以下四点观察:

(1)目标明确 每个系统均为一个目标而运动。这个目标可能由一组子目标组成。系统的好坏要看它运行后对目标的贡献。因此,目标明确、合适是评价系统的第一指标。

(2)结构合理 一个系统由若干子系统组成,子系统又可划分为更细的子系统。子系统的连接方式组成系统的结构。结构应连接清晰、路径通畅、冗余少,以达到合理实现系统目标的目的。

(3)接口清楚 子系统之间有接口,系统和外部的连接也有接口,好的接口其定义应十分清楚。例如,世界各国组成的系统,各国之间发生交往均要通过海关进行,海关有明确的人员和货物的出入境规定。再如，工厂和原料供应单位、工厂和运输部门之间的接口都有明确的规定。例如，一个玻璃厂委托铁路运玻璃，按照铁路规定，玻璃要用木架装好，内填稻草或其他填料，铁路要保证防震达到一定水平。工厂有责任包装好，铁路有责任维护好。如果工厂包装达到了接口条件，因野蛮装卸而损坏，责任应由铁路方负，并应赔偿。如工厂包装未达到要求，则责任应自负。

（4）能观能控　通过接口，外界可以输入信息，控制系统的行为，可以通过输出观测系统的行为。只有系统能观能控，才会有用，才会对目标做出贡献。

第**3**章

CIMS与计算机集成印刷系统

计算机集成印刷系统（CIPPS）是在计算机集成制造（CIM）的制造哲学指导下进行系统集成优化后建立的印刷制造系统，CIPPS 是 CIM 在印刷制造工业进一步应用的结果。本章将首先介绍计算机集成制造系统（CIMS）的基本概念，然后介绍 CIPPS 的概念和信息集成的关键使能技术。

3.1　计算机集成制造系统

3.1.1　计算机集成制造系统的概念

计算机集成制造（Computer Integrated Manufacturing，CIM）是信息时代的一种组织、管理企业生产的制造哲学。CIM 最早的概念是由美国人约瑟夫·哈灵顿（J. Harrington）博士于 1973 年提出的，但美国直到 1984 年前后才开始予以重视并大规模实施。

20 世纪 70 年代的美国产业政策发生偏差，过分夸大了第三产业的作用，将制造业、特别是传统产业贬低为"夕阳工业""生了锈的皮带"，导致美国制造业优势的衰退。为了振兴传统产业，哈灵顿在其博士论文中提出了"计算机集成制造"这一制造哲学。80 年代初开始的世界性石油危机，暴露出美国制造业优势已多数被日本取代。"10 个高技术产品中的 7 个，其市场已为日本所占有；日本产品在美国人心目中已经成为质量好、价格便宜的同义词。"美国报纸如是说。因此，美国开始重视 CIM 这一制造哲学，决定要用其信息技术的优势夺回制造业的领导地位，认为"CIMS, no longer a choice！"（对 CIMS，不要再犹豫了！）。

"计算机集成制造"认为企业生产的组织和管理应该强调两个观点，即：

1）企业的各种生产经营活动是不可分割的，需要统一考虑。

2）整个生产制造过程实质上是信息的采集、传递和加工处理的过程。

上述的两个观点，分别是"系统观点"和"信息观点"。两者都是信息时代组织、管理生产最基本的，也是最重要的观点。

按照 CIM 的制造哲学，采用信息技术实现集成制造的具体实现便是计算机集成制造系统（Computer Integrated Manufacturing Systems，CIMS）。

总的来说，CIM 是信息时代的一种组织、管理企业生产的制造哲学，CIM 技术是实现 CIM 制造哲学的各种技术的总称，而 CIMS 则是以 CIM 为理念的一种企业的新型生产系统。

对于 CIM 和 CIMS，至今还没有一个全世界公认的定义。实际上它的内涵是不断发展的。

美国制造工程师学会的计算机与自动化系统协会（SME/CASA）在 1985 年前曾发表过图 3-1 所示的第一版 CIM 轮图。其含义是十分明确的：在计算机技术的支持下，实现企业经营、生产等主要环节的集成。

图 3-1　SME 的第一版 CIM 轮图

1985 年，德国经济生产委员会（AWF）提出 CIM 的推荐定义："CIM 是指在所有与生产有关的企业部门中集成地采用电子数据处理。CIM 包括了在生产计划与控制（PPC）、计算机辅助设计（CAD）、计算机辅助工艺规划（CAPP）、计算机辅助制造（CAM）、计算机辅助质量管理（CAQ）之间信息技术上的协同工作，其中为生产产品所必需的各种技术功能和管理功能应实现集成。"

从上述定义可以看出，在 1985 年前，美、德等国对 CIM 均强调了信息和集成。1988年，我国 863 计划 CIMS 主题专家组认为："CIMS 是未来工厂自动化的一种模式。它把以往企业内相互分离的技术（如 CAD，CAM，FMC，MRP 等）和人员（各部门、各级别），通过计算机有机地综合起来，使企业内部各种活动高速度、有节奏、灵活和相互协调地进行，以提高企业对多变竞争环境的适应能力，使企业经济效益取得持续稳步的发展。"

我国对 CIMS 的定义比前述定义的发展之处在于：一是考虑了人，二是将 CIMS 的目标（提高企业对多变竞争环境的适应能力，使企业经济效益取得持续稳步的发展）明确地表达出来。

此后，日本等国的定义也是这么考虑的。

1991 年日本能率协会提出："为实现企业适应今后企业环境的经营战略，有必要从销售市场开始，对开发、生产、物流、服务进行整体优化组合，CIMS 是以信息作为媒介，用计算机把企业活动中多种业务领域及其职能集成起来，追求整体效益的新型生产系统。"

欧共体 CIM/OSA 认为："CIM 是信息技术和生产技术的综合应用，旨在提高制造型企业的生产率和响应能力，由此，企业的所有功能、信息和组织管理方面都是集成进来的整体的各个部分。"

1992 年，国际标准化组织 ISO TC184/SC5/WGl认为："CIM 是把人和经营知识及能力与信息技术、制造技术综合应用，以提高制造企业的生产率和灵活性，由此将企业所有的人员、功能、信息和组织诸方面集成为一个整体。"

美国 SME 于 1993 年提出了图 3-2 所示的共有六层的第三版 CIM 轮图。从图中可以看出，将顾客作为制造业一切活动的核心，强调了人、组织和协同工作，以及基于制造基础设施、资源和企业责任等三要素对制造系统的组织、管理与生产等进行全面考虑。

经过十多年的实践，我国 863 计划 CIMS 主题专家组在 1998 年提出的新定义为："将信息技术、现代管理技术和制造技术相结合，并应用于企业产品

图 3-2　SME 的第三版 CIM 轮图

全生命周期（从市场需求分析到最终报废处理）的各个阶段。通过信息集成、过程优化及资源优化，实现物流、信息流、价值流的集成和优化运行，达到人（组织、管理）、经营和技术三要素的集成。以加强企业新产品开发的时间（T）、质量（Q）、成本（C）、服务（S）、环境（E），从而提高企业的市场应变能力和竞争能力。"

3.1.2　CIMS 的实施原则

"系统论"是贯穿 CIMS 研究与实施的一条主线，因此在 CIMS 的实施过程中应着重利用系统论的基本思想来作为指导。

1. 强调系统分析和建模

人们建立各种千变万化的具体系统，总是为了某个目标，为此需要对系统进行分析，因而系统或过程的建模总是很重要的。分析及改造系统，目的是为了优化，因而约束条件下的系统优化往往是系统问题的核心。当优化某一部分的时候要考虑它属于更大的子系统的一部分，而此子系统又是企业 CIMS 的一部分，因此国内市场、全球市场、可持续发展以至知识经济这些更大的概念都会对企业系统的优化产生重大影响。同理，在确定某种特定技术的研究和应用时，应从系统角度加以考察，这将给该技术的发展带来好处。

2. 强调集成和优化

系统强调总体，单元技术强调局部，总体便需要集成。从集成出发，就需要企业的系统建模和在异构环境下实现信息集成的关键技术。因此，系统技术、网络、数据库技术等在 CIMS 实施中总是很被重视。另外，信息集成仅仅是构成系统的必要前提，系统的优化则是其自然发展的结果。企业内外部资源更合理地高效运用，都属于系统优化范畴。例如，改变串行设计方式的并行工程是系统优化的重要手段之一；精简经营生产过程中一切不产生附加值的过程的"精良生产"控制模式，是非常容易被 CIM 制造哲学吸收进来的。系统集成优化由信息集成到过程集成，再到企业集成，都是集成优化概念下的具体实现。

3. 强调"系统发展模式"

CIMS 是系统，它必然包含各种单元技术。是发展好了单元技术，再去发展系统技术？还是采用"系统发展模式"，即在一定的单元技术的基础上，强调发展系统技术，并以系统技术带动单元技术的发展？由于我国的单元技术，无论 CAD、CAM，还是 ERP，以及车间层的管理控制和网络数据库的支撑环境与国外相比差距不小。并且，CIMS 解决的是企业的竞争力，这是一个综合的系统问题。诚然，先进的单元技术也有助于解决企业的技术瓶颈，从而改善企业的竞争能力。但是最先进的单元技术不一定都能解决系统问题；反过来说，不是最先进的单元技术也有可能达到系统的总体目标。因此，根据国情，我国更适合选择"系统发展模式"这一技术路线来发展 CIMS。

采用"系统发展模式"，不仅能在相当程度上、在相当大的范围内实现系统所要达到的目标；而且反过来，站在系统的高度，对单元技术根据系统集成相关的要求来发展，有助于促进单元技术的发展。

4. 强调协同

系统重视其组成，更强调互相之间的协同。系统观点为多学科的协同创新创造了一个好的环境，它不排斥任何其他学科。CIMS 的发展促进了系统学科、计算机学科、机械学科、管理学科以及经济学科之间的交流与渗透，也促进了 CIMS 和多学科本身的发展。

3.2　CIMS 的集成优化

3.2.1　信息集成

针对在设计、管理和加工制造中大量存在的自动化孤岛，解决其信息正确、高效地共享和交换，是改善企业技术和提高管理水平的重要一环。实现信息集成就是要实现数据的转换（不同数据格式和存储方式之间的转换）、数据源的统一（同一个数据仅有一个数据入口）、数据一致性的维护、异构环境下不同应用系统之间的数据传送。信息集成的理想目标是五个"正确"的实现，即"在正确的时间，将正确的信息以正确的方式传送给正确的人（或机器），以做出正确的决策或操作。"信息集成是改善企业时间（T）、质量（Q）、成本（C）、服务（S）所必需的，其主要内容如下：

（1）企业建模　这是系统总体设计的基础。通过建立企业的系统模型来科学地分析和综合企业的各部分的功能关系、信息关系和动态关系。企业建模及设计方法解决了一个制造企业的物流、信息流，以至资金流、决策流的关系，这是企业信息集成的基础。

（2）异构环境下的信息集成　所谓异构是指系统中包含了不同的操作系统、控制系统、数据库及应用软件。如果各个部分的信息不能自动地交换，则很难保证信息传送和交换的效率和质量。异构信息集成主要解决信息间接口方面的问题：不同通信协议的共存、不同数据库的相互访问和不同应用软件之间接口的信息传送及交换。

3.2.2　过程集成

过程集成是指利用计算机软件支持工具高效、实时地实现企业应用系统间的数据、资源共享和应用间协同工作，将一个个孤立的应用集成起来形成一个协调的企业运行系统。实现过程集成后，就可以方便地协调各种企业功能，把人和资源、资金及应用合理地组织在一起，从而获得最佳的运行效益。过程集成技术主要包括过程建模、过程分析与优化、过程集成与运行三个方面的内容。

（1）过程建模　过程建模是过程重组和过程集成的重要基础。过程建模主要解决如何根据过程目标和系统约束条件，将系统内的活动组织为适当的业务过程的问题，对过程的描述需要提供对逻辑顺序结构，如顺序、分支、汇合、条件、循环、并发的描述。使用者可以通过这一套方法对企业的业务过程进行形式化描述。

（2）过程分析与优化　实施过程集成除了需要建立过程模型外，更重要的是需要对现有的业务过程进行分析，并在此基础上对过程进行优化设计。过程优化也是企业业务过程重组实施中一个非常重要的阶段，它的主要任务是在已建立业务过程模型的基础上，分析和优化企业的业务过程。不考虑改善业务流程，而单纯地使用计算机提高单个功能的处理效率，实质是达不到提高整个业务过程效率目标的。实施过程重组和过程集成就是要从整个流程的角度，从整体目标上来配置和协调组成流程的各个活动之间的关系。

（3）过程集成与运行　在完成了过程建模和过程重组后，下一个任务就是在集成支撑环境的支持下，实现业务过程的集成与运行。集成支持系统对整个过程建模、优化、实施的全生命周期提供支持。在过程建模和优化阶段，完成对过程模型的建立、分析与优化。在过程集成与运行阶段，在优化的过程模型的基础上，通过集成已有的应用系统和开发所需要的部件化应用系统，在工作流管理系统的支持下，实现过程的集成与优化运行。信息集成服务、过程实例管理、日志管理、系统管理等功能都是实现过程集成与优化运行的支撑功能，它们统一在工作流管理系统的调度下，为实现过程集成的目标服务。

3.2.3 企业集成

企业集成是指为提高自身的市场竞争力，企业必须面对全球制造的新形势，充分利用全球的制造资源，以便更好、更快、更节省地响应市场。因此，企业集成更强调的是企业间的集成。

实施企业间集成需要解决的主要技术问题包括共享信息模型、过程模型的定义、数据交换标准和数据集成机制的定义、数据交换接口的开发、数据交换接口与企业内部信息系统的集成、信息安全问题等。由于不同的企业采用的信息系统、数据结构和数据存储方式一般是异构的，因此为了实现异构企业间的集成，必须采用或制定合作企业都认可的数据交换标准，按照定义的标准实现企业内部数据到标准数据的转化，或将标准数据转化为企业内部的数据格式。在许多情况下，企业间的集成还需要对企业的业务流程进行必要的重组，从整个供应链或协同产品开发的角度，合理地配置整个业务流程，从而实现整个价值链的优化。

采用集成平台是支持企业间集成的有效手段。基于集成平台，可以使分散的信息系统通过一个单一的接口，以可管理、可重复的方式实现单点集成（每个应用软件仅需要开发一个与集成平台对接的接口，就可以实现与所有应用的集成），使企业内的所有应用都可以通过集成平台进行通信和数据交换，实现广义范围内和深层次上的企业资源共享和集成。面向产品全生命周期管理（PLM）平台、基于应用服务提供商（ASP）技术的网络化制造平台、电子商务平台、面向协同产品开发的协同产品商务（CPC）平台、面向项目与过程管理的工作流管理平台等都可以应用于支持企业间的集成。

随着对集成平台的研究和应用不断深入，集成平台的概念和功能也在不断扩展，出现了"狭义集成平台"和"广义集成平台"两种概念。狭义集成平台是指一个软件平台，它为企业内多个应用软件系统或组件间的信息共享与互操作提供所需的通用服务，达到降低企业内（间）多个应用、服务或系统之间的集成复杂性的目的。广义的集成平台则是指由支撑软件系统（狭义集成平台）同其他完成不同业务逻辑功能的各应用系统一起组成数字化企业的协同运行环境。而无论是广义的集成平台，还是狭义的集成平台，其核心内容都是为企业提供集成所需要的服务，并对集成系统进行管理。

集成平台是支持企业集成的支撑环境，包括硬件、软件、软件工具和系统，通过集成各种企业应用软件形成企业集成系统。它基于企业业务的信息特征，在异构分布环境（操作系统、网络、数据库）下为应用提供透明、一致的信息访问和交互手段，对其上运行的应用进行管理，为应用提供服务，并支持企业信息环境下各特定领域应用系统的集成。

3.3 计算机集成印刷系统

3.3.1 计算机集成印刷系统概述

随着印刷品消费的个性化，小批量多品种的印品生产需求骤增，同时社会生活和经济活动节奏的加快使得印刷品交货期越来越短，传统印刷制造系统在降低制造成本、提高生产效率和高效化管理等方面面临巨大挑战，因此印刷制造系统在市场响应、生产运作、生产经营管理和生产经营水平等方面的敏捷、柔性、透明和高效成为急需解决的关键问题。

（1）敏捷　在市场响应方面，印刷制造系统响应客户印刷品生产需求的时间要尽可能缩短，响应时间越短，则印刷制造系统相对于市场来说越敏捷。

（2）柔性　在生产运作方面，印刷制造系统从一个作业转换到另一个作业的时间要尽可能缩短，转换时间越短，则印刷制造系统越柔性。

（3）透明　在生产经营管理方面，印刷制造系统在生产过程中，生产的管理者与操作者能够即时地获得印刷制造系统实时的生产情况，客户能够即时地获取其委托印品当前所处的生产状态。

（4）高效　在生产经营水平方面，印刷制造系统在印刷品生产管理过程中，要使物流、信息流和资金流在"透明"的生产系统中高效协调地运转，使得生产和管理成本降低，生产效率提高。

传统印刷制造系统在计算机技术、网络技术和智能化技术等的影响下正发生着深刻变化，印刷制造系统的数字化、自动化和智能化已然成为印刷制造领域急需解决的问题。计算机集成印刷系统（Computer Integrated Print Production System，CIPPS）这一概念正是在这种背景下提出来的。

CIPPS是在CIM制造哲学指导下建立的印刷制造系统，作为印刷工程学科重要的发展方向之一已成为业内共识。具体来说，CIPPS是在提高单元制造设备数字化和智能化的基础上，通过网络技术将分散的印刷制造单元互联，并利用智能化技术及计算机软件使互联后的印刷制造系统、管理系统和人集成优化，形成一个高度集成的适用于小批量、多品种和交货期紧的柔性、敏捷、透明和高效的印刷制造系统。

在印刷生产过程中，从技术角度分析，存在"管理信息流"和"技术信息流"。"管理信息流"包含"生产管理信息流"和"商业管理信息流"；"技术信息流"包含"图文信息流"和"生产控制信息流"。"生产管理信息流"是印刷作业的计划、统计、进度、作业状态和作业追踪等信息。"商业管理信息流"是订单处理、生产成本统计、资金管理和产品交付等信息。"图文信息流"是需要印刷复制的内容信息，如由客户提交复制的文字、图形和图像等。"生产控制信息流"是使印刷产品被正确生产加工而必需的控制信息，如印刷成品规格信息（版式、尺寸和装订方式等）、印刷加工所需要的质量控制信息（如印刷机油墨控制数据等）和印刷任务的设备安排信息等。在当前的传统印刷制造系统中，技术信息流与管理信息流分别处于生产系统和管理系统中，两者独立分开，形成两大"信息孤岛"。信息孤岛间的信息交流需要信息编码格式转换与多重传递来实现，这样导致了信息传递效率低下和信息衰减，从而降低了生产效率且提高了生产与管理成本，这在小批量的短版印品生产过程中更为凸显。在传统印刷制造系统中，信息编码格式多样化，是典型的异构系统。为实现信息编码格式的统一，CIP4组织提出了基于XML的、统一的、与生产设备无关的、包含生产全过程的数据格式JDF（Job Definition Format）。JDF能够定义生产管理信息、商业管理信息和生产控制信息，图文信息则可统一使用PDF定义。表3-1描述了印刷制造系统中各类信息格式编码的演变过程。

表 3-1　印刷制造系统中信息格式编码的演变

	过去	现在
生产管理信息	私有数据格式	JDF
商业管理信息	PrintTalk、私有数据格式等	JDF
图文信息	PS、PDF、PPML、TIFF/JPEG 等	PDF
生产控制信息	PJTF、PPF、IfraTrack、JDF 等	JDF

　　JDF 实现了印刷制造系统的信息格式统一，生产系统内部的信息交流变得顺畅，同时数字化技术和自动化技术提高了印刷制造单元设备的自动化程度，如 CTP 设备、墨量预设系统、自动换版装置和在线印后加工设备等自动化设备的出现，从而使得"数字化工作流程"得以实施。"数字化工作流程"是指印刷生产系统中印前处理、印刷和印后加工三部分通过数字化的"生产控制信息"被集成为一个顺畅的数字化印刷制造系统，使数字化的"图文信息"在系统内完整、准确和高效地被传递，并最终加工制作成印刷成品。在基于 JDF 和 PDF 的数字化工作流程中，以 JDF 数据格式编码的生产控制信息控制印刷制造系统中各单元设备将以 PDF 数据格式进行编码的图文信息按照要求加工成最终的印刷品。"数字化工作流程"强调了印刷生产执行系统内部的高度集成。

　　由于生产管理信息、商业管理信息和生产控制信息都使用 JDF 数据格式编码，使得印刷制造系统内设备通信接口实现标准化。部门内部以至部门之间孤立的、局部的自动化岛，在新的管理模式及 CIM 制造哲学的指导下，综合应用优化理论和信息技术，通过计算机网络及其分布式数据库有机地被"集成"起来，构成一个完整的有机系统，即"计算机集成印刷系统"，以达到企业的最高目标效益。"计算机集成印刷系统"是指数字化的"管理信息"和"生产控制信息"将印前处理、印刷和印后加工及过程控制与管理系统四部分集成为一个不可分割的数字化印刷制造系统，并控制数字化的"图文信息"在系统内完整、准确和高效地传递，并最终加工制作成印刷成品。"计算机集成印刷系统"相对于"数字化工作流程"，更加强调生产执行系统与企业管理系统的高度集成。

　　"计算机集成印刷系统"体现了 CIM 制造哲学中的"系统观点"和"信息观点"。

　　(1) 系统观点　一个印刷制造企业的全部生产经营活动，从订单管理、产品设计、工艺规划、印刷加工、售后服务到经营管理是一个不可分割的整体，要全面统一地加以考虑。

　　(2) 信息观点　整个印品加工过程实质上是一个信息采集、传送和处理决策的过程，最终形成的印刷品可以看作数据（控制信息和图文信息）的物质表现。

　　"计算机集成印刷系统"应最终实现物流、信息流、资金流的集成和优化运行，达到人（组织、管理）、经营和技术三要素的集成，以缩短企业的作业响应时间，提高产品质量、降低成本、改善服务，有益于环保，从而提高印刷企业的市场应变能力和竞争能力。

　　"计算机集成印刷系统"是 CIM 理论在印刷制造系统中进一步应用的结果，计算机集成印刷系统在功能实现上则具有印刷加工的特殊性。目前，CIPPS 在实施过程中存在两种集成模式，即以 MIS 为中心的 CIPPS 和以 JDF 智能库为中心的 CIPPS，它们的功能模型如图 3-3 所示。

　　图 3-3a 中，CIPPS 是以 MIS 为核心，订单系统、印前系统、印刷系统和印后加工系统在生产过程中根据生产管理与 MIS 进行 JDF 数据通信，在此 CIPPS 中，MIS 扮演管理者角

图 3-3　计算机集成印刷系统的功能模型

色，其他四个子系统扮演操作者角色。图 3-3b 中，"JDF 智能库"是一个具有管理 JDF 数据的智能数据库，能够智能分析印刷制造系统中作业的生产状态与设备状态，在合适的时间与合适的设备单元进行 JDF 通信，从而实现对印刷制造系统的控制。

CIPPS 描述的是一种经过系统集成优化的、理想的印刷制造系统。因此，与一般系统集成优化过程一样，其系统实现过程也同样有三个层次（阶段），即信息集成、过程集成和企业集成。

（1）信息集成　各印刷制造单元在实现自动化的基础上具有统一的信息编码格式，借助网络技术、信息技术和应用软件等实现自动化孤岛互联。信息集成是 CIPPS 实现的最低层次，是过程集成和企业集成的基础。

（2）过程集成　印刷制造系统在实现信息集成的基础上通过优化理论将传统印刷制造系统中的串行工艺流程优化为并行过程，并利用智能技术实现系统内数据和资源的高效实时共享，最终实现印刷制造系统内不同过程的高效交互和协同工作。

（3）企业集成　印刷制造系统在实现过程集成的基础上为提高自身市场竞争力，通过企业间信息共享与集成构建"虚拟企业联盟"或"动态企业联盟"，从而实现充分利用全球制造资源，以便更好、更快、更节省地响应市场。过程集成强调企业内部系统的集成，企业集成则强调企业间不同系统的集成。

上述的三个阶段虽然在系统集成层次上有逐层递进深化的关系，但在 CIPPS 实现过程中并不是只有完成低层次的集成后才能进行更高层次的集成，它们的关系如图 3-4 所示。例如，在 CIPPS 实施过程中，当印前实现信息集成后，就可以做印前阶段的过程集成，而不需要等印刷制造系统整个信息集成过程完成。值得注意的是，无论是信息集成、过程集成，还是企业集成，都不能忽略人的重要性，都需要在组织与人员集成的支持下

图 3-4　CIPPS 集成三个层次的关系

开展工作。

3.3.2 管理在 CIPPS 中的关键作用

计算机集成印刷系统在进行系统集成优化实施时，管理、生产组织模式这一宏观层次是十分重要的。解决多目标、随机、受多种约束的复杂系统，应该采用宏观和中观、微观层次相结合，定性和定量相结合的思路。管理、生产组织模式是现代先进生产系统中首要的决定性因素。因此，在计算机集成印刷系统的研究和开发中，管理是重要内容。各种先进的生产模式和管理思想，如集成制造、"推式"生产、精良生产及"拉式"生产，企业经营过程重组的理念、协同生产、敏捷化生产等，都是十分重要的。从实现的角度，即 CIPPS 在企业的应用，管理更是一个突出的重要因素。单纯从技术到技术很难解决企业面临的各种问题。

生产系统的优化问题是管理（也是控制）在微观层次上的体现。计算机集成印刷系统不是只停留在定性层次上的集成优化，还必须发展到建立在数学和智能等层次上的定量的优化，这一点是需要特别重视的。

3.3.3 信息技术的引入

信息技术的全面、深入和及时应用是计算机集成印刷系统的另一个主要技术特征，这也决定了 CIPPS 的生命力。信息技术的引入，使得 CIPPS 将呈现以下几个方面的主要技术特征：

（1）集成化 如前所述，CIPPS 的集成化从早期的信息集成发展到过程集成，再到企业集成，信息技术都是贯穿始终的重要支撑技术。对于印刷企业而言，信息集成、过程集成和企业集成都是有用的，有利于改善企业的竞争能力。而信息集成则是我国印刷企业当前实施 CIPPS 的重点。

（2）网络化 从早期基于局域网的印前流程网络发展到企业内办公自动化系统和 ERP 系统，再发展到基于广域网或"云服务"的集团企业内的自动化系统、ERP 系统和基于 Internet 的电子商务系统。

（3）数字化 开始是建立图文的数字化，然后建立数字化的桌面出版系统 DTP、数字化制版 CTP 和数字化控制系统等。产品的全生命周期的全数字化生产与控制是未来印刷企业 CIPPS 的努力目标。

（4）虚拟化 从二维的虚拟印刷桌面打样到印刷品三维仿真，基于虚拟现实的印刷生产系统控制是未来重要的发展方向之一。

（5）智能化 从印刷机故障诊断专家系统的应用到智能化车间级管理、基于印刷品的智能化设备预设系统等智能化工具将会在印刷系统中有更多的应用。

3.3.4 我国 CIPPS 实施的重点

工业化国家 CIMS 的发展和应用强调生产制造层的设备高度自动化。我国当前不可能走这条技术发展路线。国内企业生产经营的瓶颈是新产品的开发设计能力薄弱，管理粗放，而且车间层只能适度自动化。因此我们的技术发展路线是加强设计和管理，并实现企业的（或企业部分的）信息集成。这是我国 CIMS 的一个特点。从信息集成向过程分析和优化（过程集成）及企业间集成的方向发展，是计算机集成制造系统技术内涵实现的一个途径。

计算机集成印刷系统集成了印刷生产系统和管理系统,其实现过程将不仅面临大量的技术难题,同时还面临管理难题。从技术方面看,在三个不同的集成阶段,需要解决的关键使能技术各有不同。根据当前我国印刷工业的发展现状,目前CIPPS实施重点在于信息集成和过程集成阶段。

在信息集成阶段,需要解决的关键使能技术如下:

(1)信息标准化及其接口实现 目前,印刷设备的信息标准化集中于基于XML的JDF数据标准。当前,JDF已逐渐成为行业标准,因此,在信息标准化及其接口实现时,需要首先解决基于JDF数据标准的设备接口研发和针对不同设备功能的JDF数据编辑器的研发。

(2)JDF数据库实现与工厂网络化互联 要实现印刷制造系统中各自动化单元的互联和信息高效实时的共享,首先需要建立JDF数据库。JDF基于XML,如何在数据库中实现高效的JDF数据管理是基本问题;在实现JDF数据库的基础上,可利用网络通信技术,实现具备JDF数据传输和JMF即时消息通信能力的设备互联网络。

在过程集成阶段,需要解决的关键使能技术如下:

(1)CIPPS建模与集成策略 对印刷制造系统内各单元进行集成,首先需要合适的集成策略来指导系统内信息和资源的共享与集成,然后对印刷制造系统进行过程建模,在建模的基础上进行相应流程控制软件的研发,以支持印刷制造系统的集成。

(2)CIPPS过程优化理论 要使印刷制造系统内各单元设备的集成效益最大化,一般还需要通过对原有的工艺流程进行优化或再造,前端工序应尽量将后续的工序信息考虑进来,使工艺流程成为并行流程,减少串行流程的迭代反复的过程,从而提高作业效率和减少材料浪费。只有这样,才能在信息集成的基础上充分发挥设备单元的潜力,使得集成后的印刷制造系统实现最大目标价值。例如,使用PDF文件印刷预飞检查,减少在制版后才发现错误的时间与材料的浪费。再如,对印刷工艺员的工艺计划工序进行优化再造,实现计算机辅助印刷工艺规划,尽量减少工艺规划的因考虑后续印刷加工信息的不全面而产生的错误,从而提高工艺规划的效率和准确性,也可提高整个系统的生产效率。

(3)过程集成平台构建 构建针对印刷制造系统的信息特征,满足印刷企业的过程集成优化应用需求的集成平台是实现过程集成的关键。作为印刷集成系统支持环境的集成平台,应该提供分布环境下透明的同步/异步通信服务功能,使用户和应用程序无须关心具体的操作系统和应用程序所处的网络物理位置。此外,集成平台还需要为应用提供透明的信息访问服务,通过实现异种数据库系统之间数据的交换、互操作、分布数据管理和共享信息模型定义,使集成平台上运行的应用、服务或客户端能够以一致的语义和接口实现对数据(数据库、数据文件、应用交互信息)的访问与控制。最后,集成平台应能在用户无须对原有系统进行修改(不会影响原有系统的功能)的情况下,只要在原有系统的基础上加上相应的访问接口,就可以将现有的、用不同技术实现的系统互联起来,通过为应用提供数据交换和访问操作,使各种不同的系统能够相互协作。

第4章

管理信息系统（MIS）

计算机集成制造系统（CIMS）是以集成为特征的复杂人机系统。通常，CIMS由管理信息、工程设计自动化、制造自动化、质量保证四个功能分系统及数据库、计算机网络两个支撑分系统构成。管理信息系统（MIS）是实现CIMS信息集成的基础。

本章简要阐述管理信息系统的基本概念和在企业中的广泛应用形式——ERP的发展历程和系统构成，并在此基础上阐述印刷企业管理信息系统的主要结构、企业中的应用形式和实施步骤。

4.1 MIS概述

4.1.1 管理信息系统的概念结构

管理信息系统（Management Information System，MIS）是20世纪80年代逐渐形成的一门新学科，它建立于管理、信息和系统，是一个以人为主导，利用计算机硬件、软件、网络通信设备以及其他办公设备，进行管理信息的收集、传输、存储、加工、更新和维护，以企业战略竞优、提高效益和效率为目的，支持企业高层决策、中层控制、基层运作的集成化人机系统。

图4-1为管理信息系统的总体概念图。系统中人员包括高级管理（决策）人员、中级管理（决策）人员和基层业务人员；管理软件（子系统）包括市场子系统、生产子系统、财务子系统等业务信息系统、知识工作系统、决策支持系统等。由概念图可以看出，管理信息系统对各业务子系统进行控制和管理，对整个系统的战略、战术等重大问题做出预测和决策。

管理信息系统由四部分组成：信息源、信息处理器、信息用户和信息管理者，如图4-2所示。其中，信息源是管理信息系统的基础，是管理信息系统处理的对象；信息处理器承担信息收集、存储、加工、传输和维护的任务；信息用户是信息的使用者，通过信息的获取帮助决策者实施决策；信息管理者负责系统的实现、运行和协调。

管理信息系统的任务在于组织管理、进行决策，按照管理任务和目标呈金字塔形结构，如图4-3所示。

管理信息系统中，不同管理层次的管理任务和内容一般是不同的，在不同层次上信息处理的工作量也各不相同。通常，下层系统信息处理量大，上层系统信息处理量小，构成金字

图 4-1 管理信息系统的总体概念

图 4-2 管理信息系统概念结构图

图 4-3 组织管理的金字塔形结构

塔结构。其管理任务的层次见表 4-1。

表 4-1 管理信息系统不同管理层次的管理任务

管 理 层 次	管 理 任 务
战略计划（高层）	制定企业的目标、政策和总方针；确定企业的任务
战术管理/管理控制（中层）	制定企业的中期目标
运行控制（基层）	制定企业短期的、局部的目标

运行控制的决策者为基层管理人员，为实现企业经营目标而进行业务计划的安排和控制，有效利用各种资源，并按既定的程序和步骤进行工作，完成各管理部门日常业务的事务性任务，此决策层次主要依靠内部信息的支持，大部分问题的解决具有确定的程序和规定，

不确定因素与风险性较小；中间层的战术管理层是狭义的管理信息系统，决策者是企业的中层管理人员，涉及企业的中期目标，如生产能力、存储能力、市场资源、财政资源等的分配问题，并对底层上达的事务数据做进一步加工，为高层管理人员提供有效的管理控制和决策信息，此决策层次需要大量内部信息的支持，也需要相当多的外部信息，具有一定的风险，外部环境的不稳定因素对战术决策具有较明显的影响；最高层的战略计划层，决策者为企业高层管理人员，根据下两层的内部信息，结合外部数据决策企业的长远计划，并制定获取和使用各种资源的政策，如市场战略和产品类型等，此决策层次的不定影响因素较多，风险较大。

4.1.2 管理信息系统的功能结构

管理信息系统在实施过程中，由各种功能子模块和层次管理，从横向的功能实现和纵向的管理组织共同实现系统管理。

管理信息系统功能结构如图4-4所示，纵向组织管理层次结构，除战略计划、管理控制、运行控制三个决策管理层外，底层为业务处理层，完成企业的最基本活动，处理人员为基层工作人员，记录企业每项生产经营和管理活动。而横向管理任务以产、供、销、管的职能模块划分。一个管理信息系统支持着组织的各种功能子系统，每个功能子系统完成业务处理、运行控制、管理控制、战略计划的全部信息管理。也就是，为实现一定的目标，由不同的职能部门，通过部门间各种信息联系，以管理信息系统为平台，构成一个有机结合的功能结构体系。按功能划分，管理信息系统可由市场销售、生产管理、后勤管理、人事管理、财务和会计管理、信息处理和高层管理七个子系统构成。

图4-4　管理信息系统功能结构图

（1）市场销售子系统　市场销售子系统一般包括产品的销售、推销和售后服务。其业务处理主要是销售订单、广告推销等的处理。在运行控制方面，包括雇用和培训销售人员，销售或推销的日常调度，以及按区域、产品、顾客的销售量做定期分析等；在管理控制方面，涉及总成果与市场计划的比较，它所用的信息有顾客、竞争者、竞争产品和销售力量要求等；在战略计划方面，包含新市场的开拓和新市场的战略，它使用的信息为客户分析、竞争者分析、客户调查等，以及收入预测、产品预测、技术预测等。

（2）生产管理子系统 其功能包括产品的设计、生产设备计划、生产设备的调度和运行、生产人员的雇用与训练、质量控制和检查等。在生产管理子系统中，典型的业务处理是生产指令、装配单、成品单、废品单和工时单等的处理；在运行控制方面，要求将实际进度和计划做比较，找出薄弱环节；在管理控制方面，包括进行总调度，对单位成本和单位工时消耗与计划做比较；在战略计划方面，要考虑加工方法和自动化的方法。

（3）后勤管理子系统 包括采购、收货、库存和发放等管理活动。业务处理主要包括库存水平报告、库存缺货报告、库存积压报告等；管理控制包括计划库存与实际库存水平的比较、采购成本分析、库存缺货分析、库存周转率分析等；战略计划包括新的物资供应战略，对供应商的新政策以及"自制与外购"的比较分析，新技术信息、分配方案等。

（4）人事管理子系统 包括人员的雇用、培训、考核、工资和解聘等。业务处理主要产生有关聘用条件、工作岗位责任、培训计划、职员基本情况、工资变化、工作小时和终止聘用的文件及说明；运行控制要完成聘用、培训、终止聘用、工资调整和发放津贴等；管理控制主要包括进行实际情况与计划的比较，产生各种报告和分析结果，说明职员数量、招聘费用、技术构成、培训费用、支付工资和工资率的分配和计划要求符合的情况；战略计划包括雇用战略和方案评价、职工培训方式、就业制度、地区工资率的变化及聘用留用人员的分析等。

（5）财务和会计管理子系统 财务和会计既有区别，又密切相关。财务的职责是有效地使用流动和固定资产，以最有效的方式使企业有适当的资金筹措。会计则是把财务数据分类，编制财务报表，制定预算、核算和成本分析。与财务会计有关的业务处理包括处理赊账申请、销售单据、支票、收款凭证、付款凭证、日记账、分类账等；财会的运行控制需要做每日差错报告和例外报告，处理延迟记录及未处理的业务报告等；财会的管理控制包括预算和成本数据的比较分析；财会的战略计划包括保证足够资金的长期战略计划、为减少税收冲击影响的长期税收会计政策以及对成本会计和预算系统的计划等。

（6）信息处理子系统 该系统的作用是保证其他功能有必要的信息资源和信息服务。业务处理有工作请求、收集数据、校正或变更数据和程序的请求、软硬件情况的报告以及规划和设计建议等；运行控制包括日常任务调度，统计差错率和设备故障信息等；管理控制包括计划和实际的比较，如设备费用、程序员情况、项目的进度和计划的比较等；战略计划包括整个信息系统计划、硬件和软件的总体结构、功能组织是分散还是集中等。

（7）高层管理子系统 高层管理子系统为组织高层领导服务。该系统的业务处理活动主要是信息查询、决策咨询、处理文件、向组织其他部门发送指令等；运行控制内容包括会议安排计划、控制文件、联系记录等；管理控制要求各功能子系统执行计划的当前综合报告情况；战略计划包括组织的经营方针和必要的资源计划等，要求有广泛的、综合的内外部信息，如竞争者信息、区域经济指数、顾客喜好、提供的服务质量等。

4.1.3 管理信息系统架构模式

管理信息系统平台构架一般有四种形式：主机终端模式、文件服务器模式、C/S（Client/Server，客户端/服务器）模式和 B/S（Browser/Sever，浏览器/服务器）模式。C/S 和 B/S 模式是目前管理信息系统两大主流的系统架构技术，从技术上来说它们各有千秋，如何选择主要取决于企业的需求。下面介绍这两种架构的异同之处，帮助企业选择合适的架构模式。

(1) C/S 模式　C/S 技术从 20 世纪 90 年代初出现至今已经相当成熟，并得到了非常广泛的应用。C/S 技术经历了两层、三层结构模式，其将较复杂的计算和管理任务分配给网络上的高档机器——服务器，而把一些频繁与用户交流的任务交给了前端较简单的计算机——客户机。C/S 模式的优点是操作和界面内容丰富，安全保障性高。但由于这种结构开放级别较低，服务器连接个数和数据通信量都有限制，因此这种结构的软件适用于在用户数目不多的局域网内使用。国内现在大部分 MIS/ERP（财务）软件产品多采用此类结构。

(2) B/S 模式　B/S 技术则是伴随着 Internet 的普及而产生的，经历了不断完善的过程。B/S 结构模式是对 C/S 结构的一种改进。其用户工作界面是三层（3-tier）结构，浏览器端为表示层、Web 服务器端为应用层、数据库服务器为数据层。客户端只需通过浏览器即可进行业务处理，减轻了系统维护升级的成本和工作量，提供了系统的稳定性和开放性。这种结构已成为当今 MIS/ERP 系统首选的结构模式。

B/S 与 C/S 具有不同的优势与特点，它们无法相互取代。例如，对于以浏览为主、录入简单的应用程序，B/S 技术有很大的优势，现在全球铺天盖地的 Web 网站就是明证。而对于交互复杂的 ERP 企业级应用，B/S 则很难胜任。从全球范围看，成熟的 MIS 产品大多采用二层或三层 C/S 架构，纯 B/S 的 ERP 产品并不多见。

4.1.4　计算机集成制造系统中的管理信息系统

计算机集成制造系统是根据计算机集成理论构建的复杂的人机系统。系统中的管理信息集成由管理信息分系统实现，并与其他分系统通过接口进行数据通信，实现各单元系统构成一个协同作业、功能更强的总系统。

计算机集成印刷系统通常由管理信息分系统、工程设计自动化分系统、制造自动化分系统、质量保证分系统四个功能分系统和数据库分系统、计算机网络分系统两个支撑分系统构成。管理信息系统在 CIMS 中的地位及与其他分系统的联系如图 4-5 所示。

图 4-5　CIMS 分系统结构图

4.2 企业资源计划（ERP）

计算机集成印刷系统中承担企业商业信息管理的 MIS 在国内的主要使用形式为企业管理中已广泛应用的 ERP 系统。印刷企业的信息管理大多开始于 ERP 系统的引进和实施，其后逐步实现 ERP 与制造执行系统（Manufacturing Execution System，MES）、客户关系管理（Customer Relationship Management，CRM）、供应链管理（Supply Chain Management，SCM）、电子商务（Electronic Commerce，EC）等系统的整合，以逐步实现计算机集成印刷系统管理。本节主要介绍 ERP 系统的概念、发展历史和企业 ERP 的基本模块。

4.2.1 ERP 的发展历史

企业资源计划（Enterprise Resource Planning，ERP）是由国际著名咨询公司 Gartner Group 于 1990 年初提出的概念，是在先进的企业管理思想的基础上，应用信息技术实现对整个企业资源的一体化管理，是现代企业管理思想、管理模式和信息技术的有机统一。ERP 是针对物资资源管理（物流）、人力资源管理（人流）、财务资源管理（资金流）、信息资源管理（信息流）集成一体化的企业管理系统软件。

起源于制造业的 ERP 系统发展到今天，主要经历了五个阶段的演变，具体见表 4-2。

表 4-2 ERP 的发展阶段

阶段	系统理论	待解决问题	集成思想
20 世纪 60 年代	基本 MRP 系统	如何确定订货时间和数量配套；如何解决"产供销脱节"问题	库存计划；物流信息集成
20 世纪 70 年代	闭环 MRP 系统	如何保障计划与生产能力、采购能力平衡和及时调整	能力需求计划；车间作业计划；采购作业计划
20 世纪 80 年代	MRP II 系统	如何实现管理系统一体化	物流、资金流、信息流集成
20 世纪 90 年代	ERP 系统	如何在全社会范围内利用一切可利用资源	多行业、多地区、多业务供应链信息集成
20 世纪 90 年代末至今	ERP II 系统	如何通过协同商务在全球范围内利用资源	协同商务

1. 基本物料需求计划（Material Requirements Planning，MRP）**阶段**

20 世纪 40 年代初期，为解决库存控制问题，西方经济学家提出了订货点的方法和理论。订货点法依靠对库存补充周期内的需求量预测，并保持一定的安全库存储备，来确定订货点，即：

$$订货点 = 单位时段的需求量 \times 订货提前期 + 安全库存量$$

到了 20 世纪 60 年代，随着计算机系统的发展，使得短时间内对大量数据的复杂运算成为可能，为解决"产供销严重脱节"，美国 IBM 公司的 Dr. J. A. Orlicky 提出 MRP 理论。MRP 的基本思想是：从主生产计划（Master Production Scheduling，MPS）出发，根据物料清单（Bill of Material，BOM）逐层分解主生产计划，并结合库存实际情况，得到分时间段的各类计划数据（如总需求量、净需求量、计划生产发出量、计划库存接收量等）。

2. 闭环 MRP（Closed-loop MRP）**阶段**

基本 MRP 能根据有关数据计算出相关物料需求的准确时间与数量，但没有考虑到生产企业现有的生产能力和采购能力。因此，计算得到的物料需求日期有可能因设备和工时的不足而没有能力生产，或因原料不足而无法生产。同时，也缺乏根据计划实施情况的反馈信息，以及对计划进行调整的功能。为解决能力计划的矛盾，20 世纪 70 年代，在 MRP 的基础上，发展为闭环 MRP 系统。闭环 MRP 系统除了物料需求计划外，还将生产能力需求计划、车间作业计划和采购作业计划纳入到 MRP 中，形成一个闭环系统，实现了一个完整的生产计划与控制系统。

3. 制造资源计划（Manufactory Resources Planning，MRPII）**阶段**

闭环 MRP 实现了生产管理系统的统一，但无法反映与生产相伴随的资金流信息。20 世纪 80 年代，随着计算机网络技术的发展，企业内部信息得到充分共享，人们把生产、财务、销售、工程技术、采购等各个子系统集成为一个一体化的系统，并称为制造资源计划系统，为区别于物料需求计划 MRP，故缩写为 MRPII。

MRPII 的基本思想是把企业作为一个有机整体，基于企业经营目标制订生产计划，围绕物料集成组织内的各种信息，实现按需、按时生产。

4. 企业资源计划（Enterprise Resources Planning，ERP）**阶段**

进入 20 世纪 90 年代，随着市场竞争的进一步加剧，企业竞争空间与范围的进一步扩大，MRPⅡ从主要面向企业内部资源全面计划管理的思想，逐步发展为怎样有效利用和管理整体资源的管理思想，ERP 随之产生。ERP 是由美国加特纳公司（Gartner Group Inc.）在 20 世纪 90 年代初期首先提出的。ERP 强调供应链管理，将资源计划扩展到企业客户和供应商，把客户资源、供应商资源以及多企业资源作为企业内部资源进行计划，沿供应链将企业资源进行统筹管理，实现了对整个企业供应链的总体管理。

5. 新一代 ERP——ERPII（Enterprise Resources Planning II）**阶段**

21 世纪新的竞争环境，已不是单一企业间、企业链间的竞争，而是企业群体间的竞争。ERPII 是 Gartner 公司于 2000 年在原有 ERP 基础上提出的新概念。Gartner 给 ERPII 的定义是：通过支持和优化企业内部、企业之间的协同运作和财务过程，创造客户和股东价值的一种商务战略和一套面向具体行业领域的应用系统。ERP 着重于对企业内部管理的关注，而 ERPII 强调"协同商务"的概念。协同商务（Collaborative Commerce 或 C-Commerce）是指企业内部人员、企业与业务伙伴、企业与客户之间的电子化业务的交互过程。ERPII 的目标是：建立一种新的商业战略，注重行业专业分工和企业间的深度交流，以及整个供应链及整个企业联盟体内的资源整合与协同。

4.2.2　ERP 的管理思想

ERP 强调对整个供应链管理的有效管理，这是 ERP 的核心管理思想，主要体现在以下几个方面：

（1）面向整个供应链的管理信息集成　ERP 在传统 MRPII 系统人、财、物管理的基础上，将经营过程中的各方（供应商、制造商、分销网络、客户等）资源整合起来，纳入一个紧密的供应链中，形成企业一个完整的供应链并对供应链上的所有环节进行有效管理。

（2）精益生产思想　企业精简传统生产系统结构、人员组织、运行方式和市场供求关系，将客户、销售商、供应商、协作单位等纳入生产体系，共建资源、利益共享关系，组成企业的供应链。

（3）敏捷制造思想　ERP作为后台决策支持系统，在竞争性市场中，对需求的多变性、个性化做出快速反应，时刻保持产品的高质量、多样化和灵活性。

（4）事先计划与事中控制的思想　ERP系统中的计划体系主要包括主生产计划、物料需求计划、能力计划、采购计划、销售执行计划、利润计划、财务预算和人力资源计划等。这些计划功能与价值控制功能已完全集成到整个供应链系统中。另外，ERP系统通过定义与业务处理相关的会计核算科目和核算方式，自动生成会计核算分录，保证了资金流与物流的同步记录和数据的一致性，便于资金流的实时管理和查询，实现事中控制和实时做出决策。

（5）协同商务的思想（ERPII的核心思想）　基于供应链的基础，ERP系统支持协同商务功能。协同商务使得不同企业间通过有效的信息沟通，通过资金流、物流、信息流的一体化管理，实现企业间共享业务流程、决策、作业程序和数据，提高企业联盟整体运作的协同性和高效性。

4.2.3　ERP系统主要功能模块

ERP系统是企业物流、资金流、信息流进行一体化管理的信息系统。因企业需求、管理结构、侧重点不同，不同企业所采用的ERP软件系统会有所不同，但主要包括三方面的功能模块：生产控制、物流管理和财务管理，这三方面功能模块包含各自的子系统模块，各子系统通过信息共享，实现整体ERP系统的系统性管理。图4-6所示为ERP系统总体功能模块结构图。

图4-6　ERP系统总体功能模块结构图

4.2.4　ERP 与 MIS 的关系

MIS 系统和 ERP 系统都是由企业系统管理思想提出，并作为企业管理的工具在企业管理中得到应用。理解 MIS 和 ERP 系统的直接关系，有利于企业进行经营管理。

从概念上看，MIS 和 ERP 系统都是通过计算机技术来提高企业管理效率的系统，MIS 是以信息与数据的共享为基础，注重通过信息进行高效的决策；ERP 更注重对生产制造、财务管理等模块进行集成化，对企业整个生产流程的全面管理。ERP 实际上是 MIS 的子系统。

从系统构架上看，MIS 呈金字塔形管理层次结构，通过分层次管理，从信息流、控制流、管理流和增值流等不同层面分析系统的状态，分析问题产生的原因及机制，提出改进和优化的方案，并获得新的决策来实现优化；而 EPR 系统是一个线性相关的强调物流和资金流的互动关系的生产管理系统，呈扁平化组织结构，注重在制造过程中优化，保证过程正确实现。

从管理对象来看，MIS 管理的是信息活动，对信息进行搜集、整理、加工、提取和预测等工作，以供决策者应用这些信息进行高效的决策；ERP 系统强调的是企业进行集成化的、综合性的管理，管理对象是企业的整个生产流程。

从管理内容来看，MIS 管理范围更广，需要将经营管理中的有关各方纳入系统管理中；而 ERP 管理内容更具体化，针对性更强，实现企业生产流程的全面管理。

分析和比较 MIS 和 ERP 系统的发展历程和模块结构会发现，虽然两大系统基于不同的侧重点，但都是基于对企业管理信息进行管理的目的，随着系统构建的进一步完善和企业集成化的需求，两大系统在信息集成中的作用和功能终将趋于一致。在实际应用中，无论企业选用 MIS 系统还是 ERP 系统，都必须从企业现有管理人员的素质、水平、条件出发，充分考虑企业未来发展的需求，建立良好的管理机制，才能有效发挥管理系统的作用。

4.3　印刷企业管理信息系统

在市场竞争愈加激烈的当今，企业利润大幅度降低。要提高企业竞争力、实现利润最大化，企业的信息化管理成为有效途径。印刷企业生产和管理的信息化、集成化趋势加速了企业对计算机集成印刷系统 CIPPS 的需求，管理信息的信息化、集成化，即管理信息系统的实施，是计算机集成印刷系统的初步实践阶段，印刷生产系统的信息化、集成化过程是计算机集成印刷系统实施的第二阶段，两大系统信息的无缝对接是解决"信息孤岛"以实现整体印刷企业集成系统的关键。

MIS 系统或 ERP 系统作为有效的企业信息管理工具，在实际企业管理运作中都发挥了积极作用。当前，国内印刷行业采用的管理信息系统主要分为以下两类：

第一类为 MIS 系统的应用。国外对印刷 MIS 系统的开发较早，产品比较成熟，主要有通用管理系统软件开发商专为印刷行业推出的 MIS 系统，如 EFI 的 PrintSmith®；印刷企业管理系统软件的开发商，如 Hiflex 的 HiflexPrint；还有印刷设备制造商，在开发的集成系统流程解决方案中带有 MIS 子系统，如海德堡的 Prinect 一体化解决方案中的 Prinance（在本书的 10.2 节中将具体介绍海德堡的 Prinect）。国外开发 MIS 系统时，已考虑到系统的集成问题，所以一般会基于 JDF 格式或考虑与 JDF 格式的接口，以支持计算机集成印刷系统的整体性集成。

第二类为印刷 ERP 系统。国内印刷行业对于信息管理一般起步于 ERP 系统，在 ERP 系统发挥实施效力后，才会进一步考虑其与其他管理子系统的结合。基于国内印刷行业的实际情况，本节主要介绍国内印刷企业 ERP 系统的构架、主要采用的 ERP 产品，并介绍相关成功案例和实施步骤。

印刷企业 ERP 是基于计算机技术实现印刷企业管理的企业资源管理计划。印刷行业属于连续型及订单生产类型的行业，不同生产类型对 ERP 系统具有不同的要求，也决定了印刷 ERP 的复杂性。印刷企业生产产品多样、企业管理模式不同、印刷工艺流程不同使得行业特性和个性化显著。因此，所选用的 ERP 系统应适合企业自身特点，才能在企业管理中真正起到作用。

4.3.1 印刷企业 ERP 系统构架

印刷企业 ERP 系统模块与通用 ERP 系统基本相同，但实施过程应符合印刷企业自身的特点。其功能模块主要包括商业信息管理、生产信息管理、物料信息管理、企业行政信息管理、系统管理五类，图 4-7 所示为印刷企业 ERP 系统总体模块结构及各功能模块间的关系。

图 4-7　印刷企业 ERP 系统总体模块结构图

商业信息管理功能以商业信息流为主线，通过订单管理、报价管理、客户管理等模块实现印刷作业的商业信息管理。商业信息管理主要由印刷企业的业务部门（营销部门）实施，其包含的功能模块如下：

（1）报价管理　报价管理模块实现客户与印刷企业业务部门之间的产品价格沟通，根据客户提交的印刷产品信息，业务部门快速、准确地进行报价。

（2）订单管理　订单是企业生产、销售发货和销售款结算的依据。订单管理主要包括：根据客户需求生成印刷作业订单，进行客户订单内容信息管理，如客户名称、印刷品印数、开本、装订方式、版次等信息。并且可对客户下达的订单进行管理和跟踪，动态掌握订单的进度情况。

（3）客户管理　客户管理模块实现对客户信息建档和分类管理，对客户交易活动进行记录，并对客户信誉度进行评价管理。

生产信息管理功能以生产信息流为主线，通过生产计划管理、车间生产管理、设备管理、委外管理等模块实现印刷作业的生产信息管理。这里要指出的是，在生产管理方面，ERP主要实现对企业生产管理信息进行制订和收集的管理层工作，面向车间层的生产现场管理和实时信息控制的执行层工作则由制造执行系统（Manufacturing Execution System，MES）实现。该部分主要包含的功能模块如下：

（1）生产计划管理　根据订单信息，细化生产工艺，确定生产时间，生产作业流程，制订作业生产计划；调配原材料并在原材料不足的情况下发起采购需求；根据订单需求发起委外需求；在生产任务单下发后，接收生产日报等模块的进度信息反馈，对产品生产过程进行跟踪和监控。

（2）车间生产管理　根据生产任务单，对车间的生产过程进行计划、组织、协调和控制管理。

（3）设备管理　与设备相关的材料使用信息、设备运行、维修情况、设备操作人员信息应由设备操作人员手动或系统自动每日进行上报；进行设备调度、设备运行监控、设备维护和保养的管理。

（4）委外管理　因本企业生产能力不足，或特殊工艺要求，或自生产成本高于委外加工成本，需由委外企业完成部分工艺或产品的外协加工。委外管理内容包括委外订单管理、外协加工发料管理、外协加工收料管理、支付加工费管理。

物料信息管理功能通过供应商管理、采购管理、库存管理实现原材料、半成品、成品的物料信息管理。

（1）供应商管理　建立全面的供应商信息库，辅助采购系统与应付账系统进行业务处理。供应商管理信息包括进货来源、货物供应、来货质量、数量、退货返还、供应商评估等信息。

（2）采购管理　采购管理是企业供应链管理中的主要活动，依据订单和库存信息、物料需求计划，满足生产和管理部门的物料需求。采购管理包括采购计划管理、采购订单管理、请购管理、收退货管理等。

（3）库存管理　库存管理是印刷企业资源管理的重要环节，库存管理系统主要对原材料及半成品的收发业务进行管理，完成对原材料的入库、出库、盘点、调拨信息管理。

企业行政信息管理功能可根据企业需求设置相应的模块，如财务管理、人力资源管理、质量管理和报表管理等模块。

（1）财务管理　财务管理是在一定的整体目标下，关于资产的购置（投资），资本的融通（筹资）和经营中现金流量（营运资金），以及利润分配的管理。在印刷企业 ERP 系统中，财务管理主要分为以下三个方面。

1）资产管理：包括固定资产管理和流动资产管理。流动资产主要为采购账单的审核和结账、委外结账、客户结账等。

2）成本管理：印刷企业生产经营过程中，进行成本计算、成本分析、成本控制和成本决策的管理活动。总成本由生产成本（直接成本、间接成本）和期间成本（管理费用、财务费用、销售费用）构成。

3）人员工资管理：结合人力资源从车间和各部门获得员工工作时长和业绩考核标准，进行相应工资核算。

（2）人力资源管理 人力资源管理是人力资源政策的制定以及一系列相应的管理活动，包括人事管理、人力资源计划、工作分析、员工招聘、培训计划、绩效评估、薪酬管理等功能。

（3）质量管理 建立全面质量管理体系，进行全过程和全面的质量管理与控制，包括产品检验、采购、委外加工、库存等检验功能，以及质量标准管理、质量分析、质量控制、质量统计等功能。

（4）报表管理 ERP 系统根据各部门提供的信息，自动生成客户信息、订单管理、生产日报、采购报表、外协报表、付款报表等，以方便管理层随时了解生产和经营状况。

系统管理功能包括印刷企业 ERP 系统的用户管理、密码管理、注册管理、用户权限管理等。

4.3.2 市场中主要的印刷企业 ERP 系统

21 世纪初，国内印刷企业开始尝试引进 ERP 系统，印刷企业从粗放型管理向精细化管理的进程将是一个循序渐进、逐渐成熟的过程。而 ERP 系统的正确选型和正确实施是决定引入 ERP 系统成功与否的关键。

从使用的软件来看，印刷企业 ERP 系统主要包括四种类型：

（1）具有印刷行业背景的开发商所开发的系统 具有印刷行业背景的传统印刷软件开发商熟悉印刷企业的运营方式、管理模式和工艺流程，所开发的印刷企业 ERP 系统功能全面，基本满足企业各方面的需求，依靠复杂的选项及配置功能来解决个性化的难题，利用高度的集成性来解决管理中的人为因素。此类软件代表有北京悟略科技（原方正电子 ERP 事业部）的方略印刷 ERP 解决方案、科网联 ERP 系统，以及中为印刷（ePrinter ERP）等。

（2）国内 ERP 通用软件开发商所提供的解决方案 神州数码、用友、金蝶等国内知名 ERP 软件开发商均在通用 ERP 软件的基础上，为印刷相关企业提供产品和服务。此类系统因其适用性要求广泛，具有较强的整合企业资源和完善管理流程的能力，适应企业发展的需求。

（3）国外通用软件或专业软件 如 Oracle、SAP 等国际知名厂商也为印刷企业提供 ERP 软件。国外 ERP 管理软件的引入需要解决适应印刷行业、适应国内工艺条件和管理模式的问题，否则将走入实施困境。

（4）自主开发软件或请软件公司定制 印刷企业自组团队或聘请软件开发公司根据企业状况定制 ERP 系统服务，打造更符合自身企业需求的印刷 ERP 系统。自主开发和定制系统需在解决企业当前问题的基础上，兼顾考虑企业管理上的发展需求，以保证系统的集成性、专业性和稳定性。

4.3.3 印刷企业 ERP 系统的实施

为应对印刷企业管理中提高效率、降低成本、增强企业竞争力的需求，ERP 系统是在技术提升的基础上，从企业管理角度进行优化的有效途径。2000 年起，国内印刷企业纷纷上马 ERP 系统，但随之而来的是"ERP 实施失败"的困境。一些企业搁置耗资引进的 ERP 系统，ERP 开发商与印刷企业互相推诿抱怨。但困境不能否定信息化集成管理的方向，所以正确实施 ERP 系统是印刷企业在计算机集成系统构建道路上的首要解决问题。

下面从印刷 ERP 实施成功案例和实施步骤进行重点阐述。

1. 印刷 ERP 应用案例

（1）尚唐纸制品引进 ERP 管理系统

企业：北京尚唐纸制品有限公司

主要产品：纸张表面特殊效果加工、书刊高档装帧、高精包装产品

1）引入 ERP 系统前的难点如下。

① 印刷报价：由于精装书工艺复杂，报价工作量大，新老客户不同的报价体系所造成的报价问题。

② 订单管理：繁杂的订单审核程序。

③ 生产计划：生产计划中订单要求的全面落实，计划变更，合理排产，保证交货期。

④ 外协管理：外协任务的价格合理、工期保证、质量保证。

⑤ 物资管理：原材料采购，原材料、半成品、成品的库存管理。

⑥ 质量管理：质量问题的处理标准和记录，外协产品的质量管理。

⑦ 人事工资：工人绩效工资的核算。

⑧ 财务接口：与财务软件的对接。

2）ERP 实施效果。该公司实施的 ERP 管理系统包括销售、印前、生产、排产、进度、日报、外协、采购、材料库、成品库、质量、人事工资和财务接口共 13 个模块，取得的成效如下。

① 数据采集：将用户和各部门数据全面采集到 ERP 系统中，以方便信息的保存、核对与统计分析。

② 数据共享：各相关部门间数据实现了科学共享，提高了工作效率。

③ 自动控制：对 ERP 系统进行阈值预设，以预防管理漏洞。

④ 自动提醒：ERP 管理系统的自动提醒功能涵盖了工作的各环节，提醒方式为自动弹出窗口提示。

⑤ 辅助决策：系统能够自动对采集到的数据进行统计分析，形成明确的数据报表或直观的图形，辅助管理层决策。

● 案例分析着手点：企业引进 ERP 系统后对曾经存在的问题进行解决。

（2）爱德印刷的 ERP 换型

企业：南京爱德印刷有限公司

主要产品：书刊

爱德印刷于2002年首次引进ERP管理软件，选择专业印刷ERP软件，使用时长为6年，实施成功，打造了爱德的信息化"基础"。其转型原因是：由于企业快速发展，原有定制开发的ERP软件已逐渐落后于管理的需求。经多方考察与比较沟通，最终选择神州数码·易拓，由专业版本转向通用版本。2009年，在实现了新ERP系统与企业模式的融合，以及流程梳理和基础数据整理后，新ERP系统正式上线。通用型ERP管理系统具备先进的管理理念，完善了企业原有管理制度，而印刷企业特有的如报价、工艺、订单管理等印刷管理环节，需重新设计流程，实现个性化开发。爱德印刷上线后新的ERP，包括生产制造系统、进销存系统、财务子系统、电子签核系统、人力资源系统以及估报价系统等。始于2009年12月的二期工程实施APS（高级排产系统）。二期完成后，APS将与ERP相互补充、配合，优化生产计划，实现精益生产，最大限度满足客户交货要求。

●案例分析着手点：企业ERP系统改型的原因分析，是否说明首次引进ERP项目就应选用通用型ERP产品。

2. 印刷ERP实施步骤

印刷企业ERP系统虽然是一套管理软件系统，但企业要想成功地应用和实施，不能仅仅依靠软件系统，"三分软件，七分实施"，ERP系统实施的关键在于"实施"，它是企业管理系统的变革。印刷企业须从ERP项目的准备到ERP项目的实施，自始至终认真贯彻ERP项目建设的思想。

ERP项目准备阶段：

（1）"一把手"工程 必须建立统一的领导机构和切实可行的实施细则。最高层领导的重视是ERP系统实施成功的关键。

（2）成立ERP专项项目组 项目组必须由总经理级别的领导负责；熟悉管理业务和计算机业务的人员参与；熟悉ERP系统专业人员为实施顾问，全程参与和指导项目的整个实施过程。项目组负责项目实施准备阶段的可行性研究、企业需求分析、ERP系统调研和选型等工作。

（3）ERP知识系统培训 ERP系统的实施是该企业管理系统的一次变革，必须通过ERP知识的培训，使得从领导层到管理层建立对ERP系统的认知、接受到贯彻实施的思想，使各方对ERP系统建立深入的认识。

ERP项目实施阶段：

（1）成立三级项目组 项目实施要做到落实责任和权利范围，成立项目领导小组、项目实施小组与项目应用小组的三级项目组织。

（2）制订实施计划 对项目实施步骤进行具体安排，主要包括项目进度计划、成本和预算计划、人力资源计划。

（3）业务调研和解决方案设计 对企业ERP业务管理需求的全面调研，分析现有业务流程、管理情况和存在的问题，提出改革方案：进行业务流程改进（Business Process Improvement，BPI）或业务流程重组（Business Process Reengineering，BPR），实现业务流程的统一规划、统筹安排。建设合理有序的管理体制、组织机构、工作方式是ERP成功实施的必要手段。

（4）项目培训 针对不同层次、不同管理业务对象制订不同的培训计划，分为理论培训、实施方法培训、项目管理培训、系统操作应用培训、计算机系统维护等。项目实施的重点在于实施，而实施是通过每个业务人员实现的。所有人员必须在思想上深入理解，在行动上切实落实，才能真正实现ERP系统的实施工作。

（5）系统安装、用户化和二次开发　解决方案设计完成后，就可以进行系统安装，并按照解决方案要求对软件进行业务流程、审核流程、报表单据、用户权限等"用户化"设置。在软件功能与企业实际不一致的情况下，进行软件的"二次开发"或业务角度的改进。

（6）基础数据准备　"三分管理、七分实施、十二分数据"说明了数据在ERP实施中的重要性。数据包括客户信息、物料基本信息、供应商信息、初始库存信息等静态数据，以及销售订单、采购订单、出入库数据、财务数据等动态数据。在系统调试阶段采用测试数据，动态数据一经正式录入，系统进入切换状态，即开始正式运转。

（7）模拟运行和正式运行　用户化或二次开发后，必须对系统进行模拟运行，对软件系统进行适应性、可靠性检验，发现问题及时修正；ERP系统正式运行，即企业新旧管理系统之间的切换，也称为系统切换，ERP项目实施中最常采用的切换模式为并行切换，新旧系统并行工作一段时间，经过磨合，证明新系统运行正常无误后，全面运行新系统，停止旧系统的一切工作。

（8）系统验收和评价　系统验收分为阶段验收和实施验收，需建立完善的评价体系，对系统功能性、经济效益、安全可靠性进行评价。

（9）运行管理　系统实施验收并不是终点，运行中的不断改进才是决定系统成败的关键。ERP系统日常维护、为适应新需求进行的系统升级、引进ERP系统后企业管理结构的变革是运行管理的主要内容，企业管理、流程、系统持续优化是ERP系统持续有效运行的保证。

第**5**章

印刷系统的数字化

印刷系统的数字化联网优化是计算机集成印刷系统实施的基础与开端。本章将首先通过对印刷企业内主要的功能领域和技术过程进行描述，让读者了解印刷系统的功能架构概貌；然后在此基础上讨论了这些过程在有效运行时需要获得哪些信息支撑，了解印刷系统在数字化联网时需要对哪些数据内容进行数字化与共享。最后，本章简要阐述了印刷系统的数字化联网优化路径与实施。

5.1　印刷企业结构及部门分工

在一个完整的印刷企业内部，包含着丰富的领域和过程。图 5-1 描述了一个典型的印刷企业结构概况，给出了印刷企业的主要功能领域和主要流程。

图 5-1　联网的印刷品生产企业的功能区和过程

如图 5-1 所示，一个完整的印刷企业可以划分为 7 大领域：战略性管理、营销、印前、印刷、印后、物流和采购。在这些大领域中又包含一些细分领域和主要过程。在印刷企业与外部环境的联系中，营销和物流领域与客户密切联系，采购领域与供货单位密切联系。下面将分别对主要的几个领域和过程的功能与需要的支撑信息进行说明。

1. "营销"领域

"营销"可以定义为以公司满意的利润为客户提供需要的产品，营销人员、客户和印刷企业密切联系。因此，在"营销"领域包含的主要过程完全是以客户或潜在客户来定位的。这些主要过程如下：

- 市场分析。
- 营销行为的计划和执行。
- 挖掘新客户。
- 对现有客户的维护和服务沟通。
- 接受业务咨询。
- 明确或复核订单的细节。
- 选择一个合适的交货期。
- 客户调查，包括识别新老客户，了解信誉度、回访以前做过的业务。
- 订单成本估算。
- 创建订单等。

为了让"营销"给印刷企业带来尽可能多的客户并创造令人满意的利润，这些过程不仅需要客户相关的数据（如客户信息、产品要求和期待的交货期等），也需要来自自己企业的数据（如能够生产的产品、技术特点、成本特点、生产能力和能提供的交货期）作为支撑。

2. "估价"和"订单处理"过程

"估价"和"订单处理"过程都包含在"营销"领域。它的主要任务是根据订单的要求进行成本估算，得到一个准确的估价，然后给客户一个具有足够利润空间的定价。除此之外，还需要对订单的一些细节进行商定。它包含的主要过程如下：

- 创建一个订单的成本核算。
- 复核订单任务。
- 修改成本预算。
- 确认订单。
- 创建任务单和商定交货期。
- 实施结算。

"估价"最重要的任务就是得到的估价准确，这样才能产生一个合理的定价。因此，订单产品的结构细节、计划采用的生产流程和企业成本特点等信息对于"估价"过程是非常重要的。在一个联网的印刷企业中，签订的订单的相关数据应该可直接递交到"生产计划"过程中并用于生产过程的计划与控制。显然，通过这样紧密的一个内在关联，不仅可以避免数据的重复输入，还可以改善订单成本估算的质量。

3. "生产计划"过程

"生产计划"可以是一套系统，可预测一系列生产作业的各道工序，并对各项生产作业进行安排，确保以最高效率按时完成。"生产计划"是生产阶段的启动与实施过程，并需要工作进展情况的反馈来实现闭环的生产控制。如果产品生产计划和控制得当，则潜在生产能力将得到充分发挥，从而更容易实现按时交货，并能在不中断其他产品生产的情况下满足紧急产品的生产需要。该领域包含的主要过程如下：

- 确定生产方法。
- 分析生产工序的结构。
- 制定物料需求。
- 计划生产任务量。
- 制定生产顺序。
- 制定各个生产部分的进度表。
- 准备生产相关数据。
- 分配生产任务。
- 准备生产所需物料。
- 计划在不同设备和工作站上的生产任务。
- 监视生产进展和生产进度。

要实现一个良好的"生产计划"过程，除了签订订单的相关数据，生产任务在车间实时准确地生产运行数据也是必需的。

4. "印前"领域

在整个印刷企业生产中，进行实质的印刷生产是印前、印刷和印后三个领域。通过这三个领域的协同工作，可将客户的生产意图转变为实质的印刷成品。在"印前"领域最主要的任务是"合格的印前数据制作"和"印版制作"。在"印前"领域里包含的主要过程如下：

- 给营销和客户提供建议。
- 检查和修正图文数据。
- 制作 PDF 文件、打样、修正。
- 拼大版。
- 印版生产、检查和归档。
- 获取生产运行数据和物料数据。
- 监视生产和雇员工作的进度和质量。

从上面描述的主要过程可以发现，"印前"与"营销"领域有交叉的部分，如给营销和客户提供建议和图文数据的接收与修正意见。因此，在联网的印刷企业中，各操作区必须清楚各自负责的处理过程和执行权限，这样才能保证工作高效和高质地被完成。

5. "印刷"领域

"印刷"紧跟"印前"之后，"印刷"是应用印前产生的数据和生成的印版进行印刷生产，获得合格的印张。"印刷"领域包含的主要过程如下：

- 设备调试准备。
- 在机打样。
- 后续正式印刷。
- 获取生产运行数据和物料数据。

- 监视生产和雇员工作的进度和质量。

在联网的印刷生产环境下，"印刷"领域接收来自"印前"与作业相关的预设数据（如墨量预设文件）对于设备调试准备、在机打样和正式印刷都是很有意义的，因为它能显著缩短印刷机的调试准备时间和减少印刷废张量。

6. "印后"领域

"印后"是印刷生产的最后一个阶段，是对合格的印张进行进一步加工，获得符合客户要求（如成品结构、成品尺寸和装帧形式等）的印刷成品。"印后"领域包含的主要过程如下：

- 设备准备。
- 执行生产，包括配帖、装订和裁切等。
- 获取生产运行数据和物料数据。
- 监视生产和雇员工作的进度和质量。

同样，根据"印前"领域的"拼版"数据生成的"折页预设"数据和根据订单中成品尺寸生成的裁切数据都将大大缩短折页机和裁切机的调试准备时间。但这些都必须基于一个良好的联网环境，否则就很难实现预设操作自动化。

7. "发送"过程

"发送"过程直接属于物流领域，但在许多企业"发送"的过程往往集成在"印后加工"中，用于成品的发送。其包含的主要过程如下：

- 对产品进行包装、贴标签和托盘化运输。
- 载运托盘。
- 获取生产运行数据和物料数据。
- 监视生产和雇员工作的进度和质量。

上面的过程不仅直接属于物流领域，还会归属到一些其他领域，如"采购管理"和"仓储管理"等。

8. "采购管理"过程

"采购管理"进行材料采购以满足生产计划的物料需求。作为采购领域的组成部分，该过程还需发展与供货商的关系。此外，"采购管理"必须在符合质量要求的前提下以最低成本采购并存储材料。"采购管理"过程的主要过程如下：

- 通过咨询，进行价格和性能的比较。
- 物料订购。
- 监视订购的进度。
- 物料集中采购。
- 物料的质量检测。
- 仓库状态监视。
- 货物接收。

9. "仓储管理"过程

"仓储管理"是"物流"领域重要的组成部分，与"物料采购"紧密联系。"仓储管理"中的一些信息是"物料采购"的重要依据。例如，当库存降至预定水平时，需要发出新的采购订单。同时，"仓储管理"又根据"印前""印刷"和"印后"的物料需求按时按量地分配生产所需材料，进而保证正常生产。"仓储管理"过程包含的主要过程如下：

- 货物移交的交接。
- 依照提货单的货物分发。
- 货物移交的质量审查。
- 分配货物的仓储位置。
- 印前、印刷和印后阶段的物料供给。
- 仓库状态监视。
- 仓库盘点。
- 获取生产运行数据和物料数据。

从上面的描述中可以看出，"仓库管理"中的一些过程是相互交错的，所以各个企业要根据各自特点来决定对这些过程是采用"集中式"还是"分散式"进行管理和操作。

10. "财务管理"领域

在各个不同的印刷企业中，"财务管理"始终是集中管理的。有效控制财务对于印刷企业来说是一个非常关键的问题，因为它与企业的成功经营密切相关。"财务管理"可以细分为"资产财务管理""工资财务管理"和"成本控制与核算"。

在"资产财务管理"领域中最活跃的是流动资产的管理，它包含的主要过程如下：

- 供货商账单的审查和结账。
- 客户结算。
- 核算付款收入。
- 对欠款发出催款通知。

在"工资财务管理"领域包含的主要过程如下：

- 管理每位员工的工作工时和休息时间。
- 计算月工资，全年工资和加班费用。
- 月工资，全年工资和加班费用的转账等。

在"成本控制与核算"领域包含的主要过程如下：

- 作业的成本核算。
- 对各个成本中心（如印前、印刷、印后、销售和一般管理等）进行成本计算。
- 预定目标生产效率与实际生产效率间的比较。

11. "质量保证"领域

"质量保证"也是一个集中管理的领域，主要是担任整个印刷生产全过程的质量控制与问题处理。其包含的主要过程如下：

- 确定检测的质量问题的特征。
- 确定检测方法和检测周期。
- 材料进入前的检测控制。
- 在线的生产控制。
- 质量问题的统计与评估。
- 质量问题的分析和确定补救措施。
- 客户的索赔处理。
- 供货商的索赔处理。

● 质量日志的创建与维护。

按照印刷企业的规模和结构，这些集中的领域或部分过程会由单个的专业组来承担，或由一个兼职来处理不同的过程。在使用软件或硬件进行联网之前，要对每个过程进行详细分析，甚至需要在一定情况下进行一定程度的优化，如进一步清晰地定义过程和相关权限。

5.2 印刷系统中的信息与分类

印刷系统中，包含了各种各样的技术信息和商业信息，这些信息可以细分为以下 7 种数据：

● 内容数据（Content data）。

● 主数据（Master data）。

● 作业数据（Job data）。

● 生产数据（Production data）。

● 控制数据（Control data）。

● 运行和设备数据（Operating and machine data）。

● 质量数据（Quality data）。

1. 内容数据

印刷生产是基于内容的生产。印刷服务提供商按照一定的要求对内容数据进行加工并最终得到与内容一致的产品。因此，内容数据包含了用于印刷生产的各种图文信息。内容数据可能有不同的来源，可以是出版社编辑部、广告公司、杂志社，甚至是网络下载等。印刷服务提供商获得这些数据后进行印刷品或电子出版的生产。不同的输出媒介（如纸张或 Internet），其内容数据的要求也不同，内容数据应适合输出媒介。因此，在接收内容数据后要对数据文件的格式、色彩是否正确、图片的尺寸、图像的分辨率、文本的正确性等方面进行检查，以保证后续工序的顺利进行。近年来，便携式文件格式（Portable Document Format，PDF）已经成为印刷工业中用于内容数据传输的标准，并且 PDF 的"预飞"工具也极大地提高了对内容数据的检查效率。

PDF 是 Adobe 公司继 PostScript 后于 1993 年推出的，是适于在不同的计算机平台上传输和共享文件的一种开放式电子文件格式。美国印刷技术标准委员会 CGATS（Committee for Graphic Arts Technology Standards）应报业出版和广告商的要求，为使 PDF 真正成为印前工作环境的数据交换格式，协同美国标准委员会 ANSI 制定出 PDF/X 族文件格式标准。PDF/X 作为 PDF 一个子集，已经在印刷工业中被广泛使用。并且，随着可变印刷的不断发展，结合 PDF 优点在可变数据交换领域发展出新的文件格式，如 PPML/VDX。

2. 主数据

主数据包含了产品结构、设备、人力资源、生产结构，以及客户和供应商的地址等信息。主数据是一种在订单管理、生产计划和生产等企业的各个领域不断地被重复使用的数据，同时它不能大量地被修改，因此它最好被存储在中央数据库中，采取集中的数据维护方式，操作者可以在各自的工作站通过访问权限来使用这些数据。这样主数据既能被整个企业中的用户端使用，又能将主数据维护好。

3. 作业数据

作业数据是一个作业描述,包括了产品订单和产品技术说明。作业数据是在作业被输入订单管理系统后不久,在订单确认的时候创建,但一般会早于报价。订单管理系统是一个应用软件,它能够对订单进行报价和订单处理。在印刷工业中,这类系统又通常为报价管理系统。随着信息技术的发展,越来越多的客户开始利用互联网在线提交作业数据。

作业数据是为了确保作业能平稳地贯穿于整个生产过程,它以作业传票(Job Ticket)的方式传给各个工作站。其中,作业数据中作业的名称和编号、客户的名称和编号等在创建以后是固定不可更改的。

4. 生产数据

生产数据定义了生产时所需的具体技术参数。它大体上创建于作业的准备和印前阶段,并以包含在电子作业传票中的方式传递给下游的生产资源。生产数据并不关联到明确的设备,因此它还具有相对的柔性。生产数据使用工业标准进行编码,如 ICC 特征文件(ICC profiles)、PPF、PJTF 和 JDF 等数据格式。

5. 控制数据

控制数据是用于直接驱动设备运行的驱动数据。在印刷生产过程中,生产数据中的具体技术参数可被转换成设备和设备驱动控制软件的控制数据。例如,校准曲线和 ICC 特征文件就可以转换成设备的控制数据。生产操作者可以在控制台使用合适格式的生产数据直接控制生产。然而,控制数据不仅仅是由印前阶段的生产数据转变而来,设备控制还常需要其他不同内容的控制数据,以直接或其他合适的方式输入到控制台。例如,在控制印刷生产时印刷单元的作业分配,润版液的使用,喷粉时间的长短等就并非来自生产数据。图 5-2 所示为在 CP 2000 中墨区预设控制数据分别控制各印刷机组的 23 个墨区的墨量。

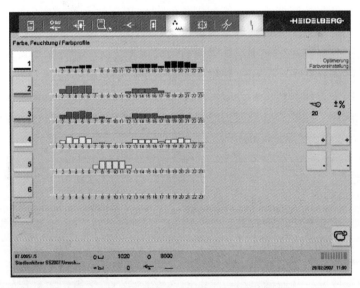

图 5-2 在 CP 2000 中的墨区预设控制数据

6. 运行和设备数据

运行数据就是传统上职员每天做的生产日志。它不仅提供了与作业相关的关于生产资源使用和材料消耗等信息,还包含了如设备维修时间、空闲时间等与作业不相关的数据。设备数据是直接来自设备或工作流程的技术数据。

运行和设备数据常被用于评估生产控制目标的实现情况和生产成本。通过评估这些数据可以得到关于生产资源的状态、利用情况和有效性等相关信息。

7. 质量数据

质量数据是一个质量标准的详细说明，包括质量控制的标准值（如密度和色度测量标准值等）以及印版显影所需的化学信息等，用于确保生产的持续进行。质量数据可以有效地帮助印刷服务提供商在预定的宽容度内生产出的高品质的产品。

质量数据可以直接控制生产过程。如果在生产过程中一个测量值的偏差超出宽容度，则生产过程将进行调整或发出警告。值得注意的是，印刷服务商应该设定一个合理的质量标准，这样才能保证生产顺畅进行。也就是说，如果标准太高，则在印刷过程中容易出现频繁的调整或发出警告，使生产不顺畅；但如果标准太低，又可能出现次品偏多的情况。因此，印刷服务商应该提供一个客户满意、印刷生产追得上的样张，同时给定一个合理的质量宽容度。

5.3 数字化优化路径及实施

在印刷系统中，各类信息以电子的、书面的或口头的形式在一个应用程序里、不同的应用程序间或不同加工中心间传送交换。传送的信息形成的数据流使不同应用软件相互连接，从而形成一条联网路线。印刷系统的数字化优化，其主要任务是对印刷服务提供商所使用的生产过程进行信息标准化和数字化，然后对生产过程进行数字化联网的集成优化。

首先，联网需要应用可数字化联网的应用软件和相关的服务性工作。为了实现在网络中的通信，首先老的设备控制器需要升级到当前的硬件和软件水平，然后才能开始组建联网，最后还必须进行人员培训。人员培训是保证优化后的生产系统的潜能得以发挥的关键之一。

然而，印刷服务提供商在印刷系统最初始的联网优化时，并不需要对印刷系统的每个方面进行联网，也不需要在一个时间段里集中完成整个印刷系统的联网工作。因此在开展集成项目时，可以把整个需要联网工作分成一个个单独的联网路线，然后集中对特定部分进行数字化优化。一般来说，可以从以下列出的联网路线分别开展集成工作：

- 电子商务。
- 作业准备。
- 设备预设。
- 作业计划与控制。
- 运行数据记录和实际成本计算。
- 色彩工作流程。

印刷服务提供商到底要选择哪条联网路线，则依赖于公司的订单结构、设备和车间等情况。通过分析现有情况，从而确定哪一条联网路线能给公司带来切实可行的好处。

5.3.1 电子商务

电子商务（E-Business）在这里是指企业与消费者之间的 B2C 形式的电子商务，企业可通过 Internet 为消费者提供一个新型订购环境，消费者可以通过网络在网上订货、支付、咨询洽谈等。这种模式节省了客户和企业双方的时间和空间，大大提高了交易效率，并降低了交易成本。

在印刷工业中实施电子商务，不仅可以降低客户与印刷服务提供商间的交易成本，同时印刷服务提供商通过电子商务还可为客户提供"量体裁衣"的个性服务和其他新服务，从而提高客户忠诚度。因为电子商务解决方案可以帮助印刷服务商每天24h对客户进行服务，且没有地域限制，所以电子商务解决方案给印刷服务商提供了拓宽市场的机会。

电子商务解决方案已广泛渗透到了印刷工业中，尤其是在印前和数字印刷领域。由于电子商务可以在网络中方便地进行电子文件的交换，因此印前和数字印刷领域特别受益于此。利用电子商务后，印前的服务领域得到拓宽，它可以提供图像数据库服务、内容数据调整服务和提供标准的印刷电子文件等新服务。数字印刷是处理短版活和可变数据印刷作业的完美方式，但其加工成本相当昂贵。很显然，通过使用 Internet 可以降低订单处理成本，扩大利润空间。

在实施电子商务时，应注意以下几个关键的方面：

1）电子商务项目需要投入大量相关的培训和广告宣传工作，让潜在的客户积极靠近。只有当目标客户产生了相当高的销售额，才证明这两方面的努力是有效的。

2）电子商务与订单管理系统的集成程度是确保低运行成本的关键。电子商务与订单管理系统的集成，可以让客户借助网络将作业数据在线地提交到订单管理系统。这样，作业定义的任务转变成客户的职责，这就意味着订单处理所需的管理工作减少了。

3）电子商务解决方案应该适应顾客的需要。电子商务网站的建设不能只顾及公司信息技术部门的需求，不实用或不友好的用户界面、薄弱的电子商务安全技术都会危害电子商务项目的成功实施。

4）顾客是通 Internet 来访问电子商务网站的，所以 Internet 供应商是客户的第一级服务商。因此必须保证网络入口24h可用，这样才能使电子商务实现不间断服务。为此，公司可以考虑自己运行 Web 服务器或寻找一个可靠的 Internet 服务供应商。

5.3.2　作业准备

作业准备就是在订单管理系统中创建一个可以供印前、印刷和印后各阶段使用的电子作业传票。这个作业传票是利用生产数据、印刷模板和其他数据进行扩展的。图5-3所示为作业准备联网路线示意图。在所有生产过程的成本中心里与作业相关的信息都被描述在作业传票中，生产过程中的变化反馈给订单管理系统并放入作业传票中（借助网络，操作人员能够以消息通信的方式实时地通知作业生产中的变化，如一台印刷机不能工作），作业传票被修正后，又即时地传递到相应的终端控制台。

"作业准备"的联网在于消除订单管理和生产之间多样的媒介间和数据编码格式间的信息转换问题，从订单管理系统开始到生产系统的整个过程都是以某一标准数据格式的数字化作业传票进行作业信息传递，从而显著地提高了工作效率，节省了生产成本。"作业准备"联网更进一步是为了避免作业数据的重复输入，获得紧跟生产变化的作业传票（实时、在线地修改作业传票）和增强印刷生产的可靠性。

在实施"作业准备"联网时，应注意以下两个关键的方面：

1）印刷系统内要标准化作业描述，并在生产网络中尽量实现单一化的通信（特别是当

图 5-3　作业准备联网路线

作业准备数据来源不同时），这样将有助于信息集成和消除工作中的信息混淆。

2）完整的、准确的和紧跟生产变化的作业传票对于确保每一个工作中心昼夜不停地、无错误地生产具有显著意义。作业信息传送到工作中心时应该简化到"什么是现在需要处理的"，且必须能够简单而明确地识别作业，如在加工中心的控制台上借助于"作业预览"来预览当前要处理的作业。

5.3.3　设备预设

顾名思义，"设备预设（Machine presetting）"就是在生产前为设备预先设定生产相关的控制参数。"设备预设"的目的在于减少设备在正式生产前的准备调试时间。图5-4所示为基于PPF的"设备预设"联网路线示意图。"设备预设"的例子有：在印前阶段生成的墨量预设数据可用于印刷机单个墨区的墨量预设；在拼大版软件中创建的裁切、折页和装订等参数数据可用于印刷设备和印后设备的预设；来自订单管理系统的纸张和印张的信息可用于预设输纸部件和传送部件处的气压和印刷压力，图5-5是CP

图 5-4　基于 PPF 的"设备预设"联网路线

2000接受JDF的纸张信息。在没有JDF之前，大部分的"设备预设"参数都是以PPF文件格式进行传递的，PPF没有定义的预设数据则使用了开发商的私有数据格式。

"设备预设"的实现源于1997年CIP3组织的PPF格式，最后的修订时间是1999年。随着CtP日益普及，印前实现了数字化。因为印前RIP得到的1-bit tiff文件可转成PPF标准控墨文件，所以PPF也得到了广泛的使用。但是CIP4的JDF格式能够覆盖所有的设备预设参数，因此，JDF是当前和未来首选的数据格式。

在实施"设备预设"联网时，应注意以下几个关键的方面：

1）关于生产过程的必要知识必须在订单管理系统和印前系统中是可用的。为了在生产中实现最大化的可靠性，在订单管理系统中创建作业传票时可选的工艺参数应该是在印刷工作流程中实际上可用的。否则，使用实际不可用的参数进行不正确地预设，将会导致问题的

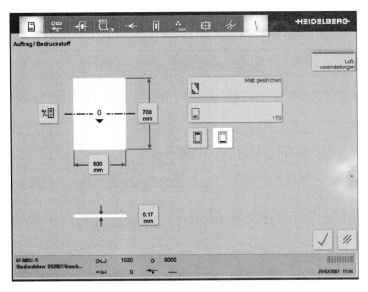

图 5-5　CP 2000 接受 JDF 的纸张信息

出现，反而浪费生产时间。

2）明确哪个作业是当前处理的作业，避免在生产过程中错误地分配"设备预设"参数。因为"设备预设"文件是以它所属作业的作业编号来标识的，不同的作业编号表示"设备预设"文件属于不同的作业。因此，为避免错误地分配"设备预设"参数，作业编号必须手工输入到印前中，或与订单管理系统联网以避免因作业编号的重复输入而产生错误。

3）为了从"设备预设"的投资中受益，必须对设备的"预设"功能选项进行全面的考虑，考察是否能显著地缩短生产时间。

5.3.4　生产计划与控制

在 5.1 节中已经介绍，"生产计划"可预测一系列生产作业的各道工序，并对各项生产作业进行安排，确保以最高效率按时完成。"生产控制"就是生产阶段的启动和实施过程，并经常反馈工作进展情况，进而修正生产计划。"生产计划与控制"的目的是在遵循特定的交货日期下，确保最优的生产资源的使用。目前，人工的生产计划编制和简单的电子制表软件较为普遍，但很少利用到订单管理系统的生产计划编制能力，并且不能实现数据的实时传递。联网的"生产计划与控制"系统则能够让生产计划与控制的相关数据实时传递。图 5-6所示为"生产计划与控制"联网路线示意图。

"生产计划与控制"需要在订单管理系统中组织，且生产计划要覆盖到印前、印刷和印后。精确地定义生产顺序对实现特定的交货日期是很重要的，尤其是在不能连续地执行生产的情况下。计划人员的一个重要的任务是使印刷生产资源的利用率最优化。因此在做生产计划时，加工中心上分派的任务队列必须使得相邻作业的切换难度最低，例如，在印刷单元上切换时要使因作业变化而更换油墨的停工时间最小化。另外，印刷操作者必须尽可能地减少非生产行为，如寻找印版、纸张和油墨等。

实施"生产计划与控制"联网时，应注意以下两个关键的方面：

1）计划的改变必须快速地转送给所有受影响的加工中心。许多订单交货时间非常急，

图 5-6 "生产计划与控制"联网路线

每天原定的生产计划必然会因此而被多次改变。当改变发生后，在计算机的辅助下，各种相关操作需要随之相应地进行，使得进度表自动地更新并使生产的冲突得到消除。

2）一个数字化的生产计划系统首先能够绘制出从印前到交货的整个生产过程，然后在数据库的支撑下实现粗的计划和细的计划分离，印刷的计划与印后的计划分离。计划编制时必须获得生产耗材（如纸张、油墨和印版）实时的可用情况。理想情况下，还可以实现跨越多个地点的网络化计划系统，也就是对伙伴公司和供货商进行集成。

5.3.5 运行数据日志与实际成本计算

"运行数据记录和实际生产成本计算"就是要完成车间数据收集，并对数据进行处理，得到生产运行状况和生产的实际成本。在印前阶段，最主要的车间数据是工作时间和原材料消耗量；在印刷和印后加工阶段，最主要的车间数据是生产使用了哪个成本单元（印刷机或印后设备）和使用了多久。这些关键数据或基于它们的统计图表将指导印刷服务提供商的技术管理和商业管理。基本上，获得的运行数据越详细，生产过程就越能更好地被监控。

联网"运行数据记录和实际生产成本计算"的主要目的在于通过在线实时地收集完整的车间数据，实现自动化的运行数据准确记录；同时，要能够根据所记录的运行数据自动地生成各种用于车间控制的统计图表（如印刷技术设备负荷的统计图表）并完成实际成本的核算。图 5-7 所示为"运行数据记录和实际生产成本计算"联网路线示意图。

图 5-7 "运行数据记录和实际生产成本计算"联网路线图

实施"运行数据记录和实际生产成本"联网时，应注意以下几个关键的方面：

1）对于"实际生产成本计算"，直接获取从设备输出的"设备数据"是用于记录最新的、最可靠数据的最快方式。

2）然而，直接获取的输出"设备数据"是不完全的，因为有些"运行数据"不属于"设备数据"。例如，在设备停机过程中，印后和物流部门的手工工作站的"运行数据"。但是这类"运行数据"（即"人工操作数据"）又必须记录，因此完整地记录"运行数据"是实际生产成本计算的先决条件。

3）将订单管理系统和会计系统进行联网，可使与银行的支付交易、工资操作和年度账目计算实现自动化。因为会计系统可以通过界面从订单管理系统接收需要的数据，同时工资操作经常又是会计系统的一部分，所以很容易实现资金流的自动化。

近年来，专用的"运行数据"记录终端日益普及。在印刷车间这类技术已经十分成熟，现在可以从中央控制台获得用于"实际成本计算"的设备数据和人工操作数据。近年来出现的大多数工作流程系统也可以输出印前的"设备数据"。

5.3.6 色彩工作流程

拥有多个生产点的大型公司总会面临这样的挑战：各个生产点在生产同一个产品时，如何确保从数字内容到最后印刷品的色彩稳定。对于小公司而言，可以可靠预测的、稳定的色彩复制是它们的核心竞争力。因此，色彩管理就显得非常必要了。色彩管理是对"色彩工作流程"进行联网集成的一部分，其次还有墨量的在线控制。联网集成的"色彩工作流程"不仅能实现更好的印刷质量，而且还将有效减少废张数量和客户投诉。图5-8所示为联网集成的"色彩工作流程"示意图，它覆盖了从印前的图像处理、印版生产到印刷的各个色彩工作过程。

图5-8 联网集成的"色彩工作流程"示意图

色彩管理是一个关于色彩信息的正确解释和处理的技术领域，即管理人们对色彩的感觉，要在色彩失真最小的前提下，实现图像的色彩数据在不同种类、不同厂家的软硬件之间，即在不同色彩空间进行正确的传递变换。只要经过色彩管理的三个步骤，即设备仪器的校准、确立设备颜色特性和色彩空间转换，那么无论使用什么样的原料、驱动设备和机器，都能实现色彩在最小色差内的复制。

实施"色彩管理"时，应注意以下几个关键的方面：

1）稳定的工作流程是实施色彩管理的基础。首先必须对印刷系统内所使用的色彩工作流程进行标准化，尽可能实现单一的标准化工作流程。因为复杂的工作流程将降低色彩管理的效率。

2）保持色彩工作流程的稳定性是实现网络化色彩工作流程的基本条件。也就是说，在已标准化的色彩工作流程中不能随意改变油墨、纸张和橡皮布等色彩系统的参数。因为每一个特性化文件（Profile）都是针对特定的色彩工作流程（色彩系统）而做出的，一旦色彩工作流程中的某项参数发生变化，则该特性化文件将失效。

3）在生产过程中出现的任何颜色偏差都必须从根源上校正。因为在实施色彩管理后，色彩的偏差都是与色彩管理有关的，应该从色彩管理的过程中进行校正，如重新生成特性化文件。这样就能在以后的作业中不会产生颜色偏差，进而提高生产效率。

墨量的在线控制包含"油墨预设"和"墨量的闭环控制"。首先在印刷生产准备过程中，根据印前的油墨预设数据进行墨量预设。在印刷生产过程中，通过连接分光光度测量设备来测量色彩测控条或整个印张，然后将测量值与印前阶段产生的参考值进行比较，最后根据它们之间的差值对印刷墨量进行相应的调整。

第**6**章

便携式作业传票格式（PJTF）

6.1 PJTF 概述

便携式作业传票格式（Portable Job Ticket Format，PJTF）是 Adobe 公司基于 PDF 文件规范开发的，是一种供印刷流程使用的电子作业传票格式。PJTF 提供了一种机制，可以指定印刷活件时需要的指令以及印刷的内容在印张上的位置。PJTF 基于 PDF，即 PJTF 中定义的数据都是直接或间接的 PDF 对象类型。作业传票可以为单独的文件也可以内置于要输出的 PDF 文档中。PJTF 的主要作用是对设备（印刷机和照排机）进行设置，以接收并处理用 PDF 描述的文档。

在印刷流程中，由被称为作业传票管理器（Job Ticket Manager）的软件生成作业传票，然后由内置于设备（印刷机和照排机）中的软件-作业传票处理器（Job Ticket Processor，简称 JTP）接收作业传票，JTP 根据传票中的内容发出运行指令。

PJTF 主要定义了以下内容：

- 订单管理数据（配送地址/印刷日期）。
- 印张信息。
- 输出流程中的过程校正值（预飞，陷印，加网等）。
- 印后过程中的校正值。

然而，PJTF 通常集中于拼版，拼大版和 CTP 输出流程中，其他方面的定义实际上被忽略了。一些拼大版软件，像柯达的 Preps、海德堡的 SignaStation，以及 Dynagram 的 DynaStrip，都支持生成 PJTF 描述的组版页面，含相应的书页大小、位置信息和各种印刷标记，如裁切标、色彩控制条、文本标识等。总的来说，JDF 终会取代 PJTF，但是在一些工作流程管理系统中，仍然支持 PJTF 格式的作业传票。

6.1.1 作业传票对象

作业传票由作业传票对象组成，这些对象遵循 PDF 字典对象的定义。作业传票对象是键-值对的集合，每个键-值对表示 PJTF 的一个属性。属性键是 PJTF 的名字。属性值通常可以是 PJTF 的任意一个数据类型，但一般依赖于这个属性的语义以及所处的 PJTF 对象。

作业传票对象采用树形结构，所有的对象都起源于作业传票的根节点。根层次下还存在审核对象、作业传票内容对象、资源对象等。审核对象负责跟踪作业传票的变化；资源对象为 PDF 对象组成的数组,这些对象可以是 PDF 资源,也可以是与其他页面描述语言兼容的资源;作业传票内容对象包含两个最重要的对象类型:文档对象(Document),组版(Layout)和印刷组版对象(PrintLayout)。文档对象对页面排布的内容部分进行说明;组版和印刷组版对象则说明页面内容经过怎样的处理才能被记录到介质上,这两部分在 PJTF 作业传票中的描述是分开进行的。

文档对象以数组的方式依次描述每个页面的内容,其中的属性,涉及页面的相关信息,如文本注释(Comment)、引用文件(JTFile)、页面(Pages)、页面尺寸框。页面范围(PageRange)是页面(Pages)对象的子层次对象。

组版和印刷组版对象则用于描述介质上记录的页面内容的组版效果。组版对象清晰地描述每个印张上拥有的所有页面内容,它可以是对页面内容的直接描述,也可以是对在文档对象或文档标记对象(MarkDocuments)下描述的页面内容的引用位置的描述。而印刷组版对象中描述的则是组版的模板信息,页面内容的相关信息则完全存储在文档对象中。在组版和印刷组版对象下,也存在更低的子层次对象,如书帖(Signature)等。作业传票对象关系如图 6-1 所示,作业传票内容属性见表 6-1。

图 6-1　作业传票对象关系图

表 6-1　作业传票内容属性

键	数据类型	语义
Ad(Administrator,管理员)	dictionary	地址对象,确认向谁汇报涉及这个作业的有关错误及进展
Bl(BleedBox,出血框)	rectangle	定义页面坐标系统中的一个区域
Co(ColorantControl,颜料控制)	dictionary	颜料控制对象,描述如何控制输出时的色彩绘制
Cm(Comments,注释)	text	人工可读的有关此项工作的注解

6.1.2　作业传票文件

作业传票文件有两种,一种是独立的,文件以 %JTF-1.2 注释行开始,其中"1.2"表示的是 PDF 规范的版本号(而不是作业传票的版本号,作业传票的版本号在作业传票对象中指定),表示符合 PDF 1.2 规范。当然,这个版本号也可以变化。另外一种是作业传票包含在 PDF 文件中，文件以％PDF-1.2 注释行开始。下面用 preps 拼大版软件生成的 PJTF 工作传票文件为例对作业传票进行解析。

例程 6-1：

```
% JTF-1.1
1 0 obj
< <
/Type /Catalog
/JT 29 0 R
/Pages 22 0 R
> >
Endobj
```

例程 6-1 中这个文件为独立的传票文件，符合 PDF 1.1 规范。在这个文件中定义了编号为 1 的一个对象 Catalog（目录），作业传票位于 PDF 文件（作业传票文件非单独的情况下）或 JTF 文件的 Catalog 对象的属性项。在这个例子中，作业传票在对象 29 中描述，页面在对象 22 中描述。PJTF 与 PPF 一样，采用树形的分层结构。

例程 6-2：

```
22 0 obj
< <
/Kids [21 0 R  26 0 R  96 0 R  99 0 R  132 0 R  135 0 R  ]
/Count 6
/Type /Pages
> >
Endobj
```

例程 6-2 中，对象 22 定义了本作业的页面，共有 6 个页面，分别在对象 21、26、96、99、132、135 中定义。

例程 6-3：

```
29 0 obj
< <
/A [30 0 R  ]
/Type /JobTicket
/SSiPrepsJobPath <E697A0E6A087E9A2982D322E6A6F62 >
/SSiPrepsJobFile <E697A0E6A087E9A2982D322E6A6F62 >
/SSiPrepsOutputFile (JIANG-PJTF.pjtf)
/SSiPrepsJobName <E697A0E6A087E9A2982D32 >
```

```
/Cn [ 31 0 R ]
/V 1.1
/SSi_JobNotes 32 0 R
 > >
 endobj
```

例程 6-3 中定义了一个作业传票对象，作业传票审核信息在对象 30 中描述，后面的信息分别为 Preps 中作业的路径、文件、输出的作业传票名以及作业名。Cn 为作业传票内容，在对象 31 中定义，传票版本为 1.1。后面的属性为作业注释，在对象 32 中定义。这个对象中 SSi 开头的属性为 Preps 作业传票文档定义的私有属性。

例程 6-4：

```
30 0 obj
 < <
/Type /Audit
/Dt ( D:20151026111202 )
/JTM ( Kodak Preps Version 5.3.3   \(595 \) )
 > >
Endobj
```

例程 6-4 中，对象 30 定义了审核对象，Dt 为审核日期，JTM 为作业传票管理器，本例中为 Kodak Preps Version 5.3.3。

例程 6-5：

```
31 0 obj
 < <
/D [ 40 0 R ]
/Type /JobTicketContents
/SSiDIGPDFDeviceControlSet 33 0 R
/L 38 0 R
/JN < E697A0E6A087E9A2982D32 >
/MD [ 39 0 R ]
/SSiReqPDFVer ( 1.3 )
 > >
Endobj
```

例程 6-5 中，对象 31 为作业传票内容，D 为这个传票中要处理的文档，在对象 40 中定义，L 表示排版版式（layout）在对象 38 中定义，JN 定义了作业名，MD 是标记文档（MarkDocuments），是一组包含裁切标记、颜色控制条以及水印标记等的文档对象。SSiReq-

PDFVer 定义了需要的 PDF 文档的版本。

6.2 基于 PJTF 的正背对齐

印刷中对 PJTF 应用通常集中于拼版、拼大版和 CTP 输出流程中。下面以拼版过程中的正背对齐为例介绍 PJTF 的应用。

如果是双面印刷，则通常需要输出正背两张版。这两张版分别由组版或印刷组版对象的印张属性的正/背版面（Front/Back Surfaces）来定义。版面内容框（SurfaceContensBox）对象用于定义所有输出内容的成像区域，其中包括所有的印刷标记。页面放置的 CTM 属性（PlacedObject∷CTM）用于将版面内容框中的所有页面定位到印版上。

印张属性的介质尺寸（Media∷Dimension）用于规定介质的尺寸；锁定原点（Sheet∷LockOrigin）用于在组版过程中，对正版和背版的原点及边缘进行对应设置，从而让正背面无论在何种介质尺寸下，都能达到对齐的效果。正面版面的坐标系统以左下角为原点，右向为 X 的正向增加方向，向上为 Y 坐标的正向增加方向。这时通过页面放置的 CTM 属性（PlacedObject∷CTM）（CTM 的介绍详见第 7 章）将页面内容输出到第一象限中。当锁定原点（Sheet∷LockOrigin）的取值为 True 时，版面内容框（Surface∷SurfaceContentsBox）必须为背版（Back Surface）进行设置，背版的原点设置在版面的右下角，左向为 X 轴的负向增长方向，Y 的增长方向不变，这时，CTM 属性（PlacedObject∷CTM）将页面内容放置到第二象限。如果锁定原点的取值为 False，当对背版的坐标空间进行设置时，要将原点设置在页面内容框的左下角，这时 CTM 会将页面内容记录到第一象限。这时，如果要求正面和背面对齐，则组版过程必须精确地知道介质的尺寸。

下面举例说明如何在输出介质上输出页面内容。页面的内容由裁切框来定义 TrimBox，通过 CTM（Current Transform Matrix）放置到印张的正面或背面由 SurfaceContentsBox 定义的区域。下面的例子中，Sheet∷LockOrigins 取值不同时会影响 SurfaceContentsBox 规格。

为简单起见，页面尺寸为 8.5in × 11in（1in = 2.54cm），输出介质大小为 24in × 16in。

情况一：锁定原点（LockOrigins）没有提供，默认为假（False），参数设置具体见表 6-2，版面示意图如图 6-2 所示。

表6-2 未设置锁定原点的参数设置

对象（Object）	键（Key）	值（Value）
PageRange	MediaBox	[0 0 792 1008]
	BleedBox	[54 72 738 936]
	TrimBox	[90 108 702 900]
Media	Dimensions	[1728 1152 1728 1152]
Surface	SurfaceContentsBox	未提供 – 正背两面都默认为 [0 0 1728 1152]

Media Dimensions [minX minY maxX maxY] 分别表示 X 和 Y 方向输出介质的最小和最大尺寸。

表 6-2 中数值的单位为一个 point，即 1/72in。默认的坐标原点在纸张的左下角，页面在纸张上居中放置。

介质框（MediaBox）的宽为 792，高为 1008，在纸张上居中放置，因此计算出它的左下

图 6-2　未设置锁定原点参数时的版面示意图

a）正面版面　b）背面版面

角在纸张上的位置为（468，72），利用转换矩阵 CTM ＝［1 0 0 1 468 72］把坐标原点从纸张上的（0，0）位置平移到介质框（MediaBox）的左下角，就得到了上面表中 PageRange 对象的几个属性值。

　　情况二：LockOrigins 取值为 False，参数设置具体见表 6-3，版面示意图如图 6-3 所示。

表 6-3　原点锁定为 False 时的参数设置

对象（Object）	键（Key）	值（Value）
PageRange	MediaBox	［0 0 792 1008］
	BleedBox	［54 72 738 936］
	TrimBox	［90 108 702 900］
Media	Dimensions	［1728　1152　1728　1152］
Surface	SurfaceContentsBox	［504 72 1224 1080］正反两面相同

此种情况下，正反两面的坐标原点都位于输出介质的左下角。SurfaceContentsBox 在正反两面输出介质上居中。每个当前坐标转换矩阵均将页面内容在 SurfaceContentsBox 上居中放置。转换矩阵将坐标原点重置于与 SurfaceContentsBox 相对位置为（−36，0）的位置，因此 CTM 取值为 ［1 0 0 1 −36 0］。

图 6-3　设置锁定原点参数为 False 时的版面示意图

a）正面版面　b）背面版面

情况三：锁定原点（即正背对齐 LockOrigins）取值为 True，参数设置具体见表 6-4，版面示意图如图 6-4 所示。

正面的坐标原点位于左下角，反面的坐标原点位于右下角。输出介质的宽度可变，变化范围在 20～24in 之间。PageRange 对象中的 4 个键 MediaBox，BleedBox，TrimBox 以及 SurfaceContentsBox 都居中放置在输出介质上，输出介质的宽度取最小值。转换矩阵将坐标原点重置于与 SurfaceContentsBox 相对位置为（-36，0）的位置，因此 CTM 取值为［1 0 0 1 -36 0］。

表 6-4 原点锁定为 True 时的参数设置

对象（Object）	键（Key）	值（Value）
PageRange	MediaBox	［0　0　792　1008］
	BleedBox	［54　72　738　936］
	TrimBox	［90　108　702　900］
Media	Dimensions	［1440　1152　1728　1152］
Surface	SurfaceContentsBox	［360　72　1080　1080］正面
Surface	SurfaceContentsBox	［-1080　72　-360 1080］背面

图 6-4　设置锁定原点参数为 True 时的版面示意图

a）正面版面　b）背面版面

6.3　基于 PJTF 集成的印前工作流程

柯达公司的印能捷和爱克发公司的爱普极系统就曾经是将 PJTF 作为内部信息描述格式开发的印刷工作流程产品，现在已经演变为基于 JDF 的工作系统。相对于基于 JDF 的工作流程系统来说，PJTF 在色空间的转换方面较为薄弱，这种作业传票无法支持基于 ICC 的色彩转换过程。另外，印前信息流与印刷、印后的衔接只能借助 PPF 文件格式的帮助。所以，PJTF 工作流程无法实现贯穿于整个印刷环节。

目前，比较明显地仍然支持 PJTF 传票工作方式的印前工作流程，仅是流程中的拼大版环节。在此，以 Preps 的拼大版功能为例进行说明。

印刷流程中的排版功能通常包括两个过程：组版模板的准备和页面的分派过程。

使用 Kodak Preps 软件进行组版模板的生成。在完成书帖的制作后，要求形成一个可被流程系统认识的作业传票格式的信息文件。如图 6-5 所示，在确定输出文件格式时，在"发送到"下拉列表框中选择"Adobe 作业传票"选项，通过"打印"的方式得到拼大版的 PJTF 文件。

图 6-5　Preps 生成拼大版模板文件的打印设置

生成的 PJTF 文件调入流程系统中，可以用于后续的页面分派处理过程。通过检查与转换，PJTF 文件被调入流程系统作为页面分派的模板使用。印能捷导入作业传票如图 6-6 所示，印能捷处理作业传票如图 6-7 所示，印能捷处理 PJTF 模板时的示意图如图 6-8 所示。

图 6-6　印能捷导入作业传票

图 6-7　印能捷处理作业传票

PJTF 格式虽然是一种已经过时的文件格式，但它是流程化工作过程得以建立和开始的基础。在它的基础上，逐渐发展了 PPF 和 JDF 作业传票文件格式，引导了印刷生产流程全面数字化的变革趋势。

图 6-8　印能捷处理 PJTF 模板时的示意图

a）选取 PJTF 文件　b）导入 PJTF

第7章

印刷生产格式（PPF）

CIP3 组织开发的印刷生产格式（Print Production Format，PPF）与 PJTF 格式一样，是 JDF 格式的前身。PPF 的初衷是为了将印刷、印后和印前阶段紧密相连，印前产生的各种各样的数据被收集起来进行统一管理和进一步处理。避免后续工艺中对这些数据的反复录入，节省了时间。PPF 接口独立于供应商，使用这个接口可以实现印前、印刷、印后的各个生产过程的跨越，节省时间和材料，从而降低成本。

因为 PostScript 格式灵活且便于扩展，所以 PPF 采用 PostScript 作为其基本格式。

7.1 PPF 概述

1. PPF 发展历史（见表 7-1）

表 7-1   PPF 发展的历史

时间	事件
1993 年 12 月	提出了 PPF 的概念
1994 年 9 月	形成初稿
1994 年 12 月	建立了 PPF 功能原型
1995 年 5 月	CIP3 PPF 1.0 版本在德鲁巴展出
1995 年 8 月	印前工作站生成第一个 PPF 文件
1996 年 8 月	推出 CIP3 PPF 2.0 版本
1997 年 5 月	IMPRINTA'97 展会推出 CIP3 PPF 2.1 版本
1998 年 5 月	发布 CIP3 PPF 3.0 版本

2. PPF 文件的结构

CIP3 文件的结构是文件头，文件体（包含结构体，属性和注释）和文件结尾。文件头是开始的两行代码，是判断是否是 CIP3 文件；也可以为三行，包含了四个编码大于 128 的字符。文件头中包含的字符具体见表 7-2。

表 7-2   文件头中包含的字符

字符	%	â	ã	¤	È
十进制代码	37	226	227	207	211
十六进制代码	25	E2	E3	CF	D3

文件头：%！PS-Adobe-3.0

%％CIP3-File Version 3.0

% ôò ¤ Ë

文件头的前两行是固定的，第三行是可选的。文件结尾是固定的形式，即%%CIP3EndOfFile。

在理想情况下，PPF 文件不包含用于印刷的高分辨率分色数据，只包含和作业有关的用于印刷后处理的必要信息。为了便于灵活地获取这些数据，PPF 格式采用结构化的结构体存储数据。PPF 目录提供指向文件中定义的每个印张链接，通过这些链接，可以直接获取指定样张的信息。单个印张的信息使用结构体、属性和内容进行保存，如图 7-1 所示。举例来说，每个印张包含一个正面和反面，那么对应的 CIP3 印张描述就包含一个印张结构体，这个印张结构又包含一个正面和反面结构体。其结构体的树形分层结构如图 7-2 所示。

图 7-1 PPF 文件的语法结构

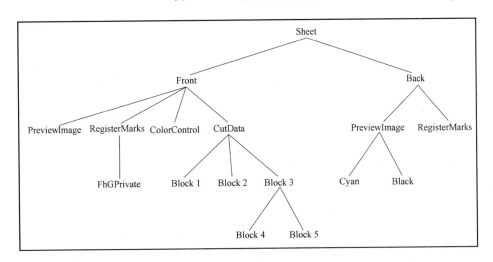

图 7-2 印张的树形分层结构

3. 逻辑结构体的定义

逻辑结构体在 PPF 文件中使用 PostScript 命令 "CIP3BeginUnit" 和 "CIP3EndUnit" 来定义所有的结构体，并且所有结构体都有各自的类型和特定的名字，具体见表 7-3。

表 7-3 PPF 文件中的常见结构体

结构体定义	结构体类型	结构体名字
CIP3 BeginSheet CIP3 EndSheet	Sheet	Sheet
CIP3 BeginFront CIP3 EndFront	Surface	Front
CIP3 BeginBack CIP3 EndBack	Surface	Back
CIP3 BeginPreviewImage CIP3 EndPreviewImage	PreviewImage	PreviewImage
CIP3 BeginSeparation CIP3 EndSeparation	Separation	
CIP3 BeginRegisterMarks CIP3 EndRegisterMarks	RegisterMarks	RegisterMarks
CIP3 BeginColorControl CIP3 EndColorControl	ColorControl	ColorControl
CIP3 BeginCutData CIP3 EndCutData	CutData	CutData
CIP3 BeginCutBlock CIP3 EndCutBlock	CutBlock	CutBlock
CIP3 BeginFoldProcedures CIP3 EndFoldProcedures	FoldProcedures	FoldProcedures
CIP3 BeginPrivate CIP3 EndPrivate	PrivateData	Name

4. 属性

PPF 格式的属性用来存储活件的特征化信息，要定义属性必须定义属性名字和属性值。通过定义，属性和结构体元素绑定，并且结构元素的子元素直接或间接地继承了这个属性，除非对属性进行了重载。属性必须是可选的或必需的。以下的数据用属性存储：

1）管理数据 如印张的生成者，生成的时间，印张制作的软件等信息。

2）计算油墨墨量的计算数据 这里一般指的是两条特征曲线数据，一个用于胶片，另外一个用于印版。

3）折页数据 定义印张的位置信息和折页的顺序，这些数据可以和裁切块结构体绑定。

5. 内容

（1）分辨率较低的连续调图像 用 $1280px \times 1024px$，每个分色图像的每个像素为 8 位的显示图像，可以粗略地检查印张的完整性，以及裁切和折页的位置。最重要的是还可以用来计算墨量消耗。

（2）套准标记（Register marks） 描述套准的位置和套准标记的类型。

（3）颜色和墨量的控制区域 描述用于质量检测的测控条数据，PPF 支持两种测控条，用于颜色测量和密度测量。

（4）裁切数据 描述裁切块的数据。

6. 注释

可以为任何注释。

7. PPF 基础语法

PPF 格式使用 PostScript 编码，因此它的语法遵守 PostScript 语言的语法规则，特别是数字、命名、字符串。百分号（%）后面的表示注释。与真正的 PostScript 语言相比，PPF 文件格式中不包含 PostScript 中的计算，如加、减、乘、除，这样就降低了 PPF 格式的复杂度。PPF 文件中允许采用的运算符见表 7-4。

表 7-4　PPF 文件中允许采用的 PostScript 运算符

Post Script 运算符	含义
【	数组开始
】	数组结束
《	词典开始
》	词典结束
Def	定义,将名字和值联系起来

（1）数据类型　布尔型、整型、实数、数字、名字、字符串、数组、词典等类型。

（2）坐标系统　PPF 格式中的坐标系统采用 PostScript 的默认坐标系统，左下角是默认的坐标原点，单位是 1/72in，即一个 Point。对于一个 CIP3 文件来说，对于不同的印前、印刷、印后，都需要将 PostScript 坐标系统中的坐标转换到对应设备的坐标系统中，转换矩阵就用来定义这两者之间的映射关系。

在 PPF 文件中给出转换参数 $\begin{bmatrix} a & b & c & d & e & f \end{bmatrix}$，然后变换成转换矩阵 $T = \begin{bmatrix} a & b & e \\ c & d & f \\ 0 & 0 & 1 \end{bmatrix}$，将待

转换坐标 (x, y) 转换为 $T^* = \begin{bmatrix} x \\ y \\ 1 \end{bmatrix}$，最后与转换矩阵相乘，实现坐标转换。

8. PPF 与印刷工艺集成

PPF 作为工业上的 CIP3 格式，是印刷业中集成化的界面格式，是一个网络化的解决方案。PPF 格式把印前阶段产生的一些技术数据传送到印刷和印后阶段，如图 7-3 所示。其中，印前传递到 PPF 文件的数据，包括印刷计划中的管理数据及印刷机的分配；印前排版，拼大版过程中生成的裁切、折页数据，套准标记，颜色和密度测量区域，以及印版打孔数据和 RIP 过程中形成的图像预览数据，如图 7-4 所示。

图 7-3　印刷工艺流程中使用 PPF 的数据交换

图 7-4　印前传递到 PPF 的数据

在印刷和印后阶段，PPF 文件将从印前获取的信息提供给印刷机和印后设备，方便机器的预设，减少了时间和成本，提高了印刷效率，如图 7-5 所示。因此，基于 PPF 的印刷工艺流程与没有集成 PPF 的流程相比，具有以下优点：技术数据，特别是机器的设定可以在不同部门分享；减少数据（如印张大小）输入；减少处理环节，如可以去除印版扫描环节，此环节为墨区的墨键设定获取数据。

图 7-5　印刷阶段 PPF 文件信息交换

总结起来，使用 PPF 在生产方面和生态环保方面的优点如下：

（1）生产方面的优点

1）同样的数据只需要获取一次。

2）更快捷的机器设置。

3）更短的生产循环。

4）更好的质量控制。

5）流线型的生产。

6）生产力的提高和成本的降低。

（2）生态环保方面的优点

1）减少了与胶片处理有关的化学废液。

2）减少水的浪费。

3）更快的印刷机预设。

4）纸张和油墨浪费的减少。

但为了实现这些优点，必须使用完全的数字化印前。

7.2 基于 PPF 的参数预设

PPF 文件包含印张的信息，这些信息的内容主要有：管理数据（如作业的名称和版权等）、分色数据的低分辨率预览图像、传递函数（原稿到胶片，胶片到印版）、颜色和密度数据、裁切标志、裁切数据、折页过程数据、私有数据（供应商或应用软件）等。这些信息在订单生成或印前阶段生成，在印刷和印后阶段调用。其中，PPF 文件提供的数据最重要的应用就是低分辨率的预览图用于印刷时提供墨键预设，裁切、折页数据用于印后的裁切、折页。

7.2.1 基于 PPF 的印刷机墨量预设

油墨预设数据来自于 PPF 中的预览图像数据。预览图像结构体存储了整个印张的低分辨率图像，如果使用的是标准的四色印刷，则有可能把图像保存为一个合成的 CMYK 图像，在这种情况下，CIP3PreviewImageComponents 的属性值为 4，图像中的像素数据 0 表示无墨，255 表示 100% 的油墨。如果使用的是多色印刷，则要为每个分色版存储独立的图像，也可以存储高分辨率的二值图像来代替连续调图像。为了缩小 CIP3 PPF 文件，图像数据通常采用一些在 PostScript 中定义的压缩和编码技术。

例程 7-1：预览图像为一个 CMYK 合成图像。

```
CIP3BeginPreviewImage
/CIP3PreviewImageWidth 2000 def
/CIP3PreviewImageHeight 1400 def
/CIP3PreviewImageBitsPerComp 8 def
/CIP3PreviewImageComponents 4 def
/CIP3PreviewImageMatrix [2000 0 0 -1400 0 1400] def
/CIP3PreviewImageResolution [ 50.8 50.8 ] def
/CIP3PreviewImageEncoding /ASCIIHexDecode def
/CIP3PreviewImageCompression /DCTDecode def
/CIP3PreviewImageFilterDict < < > > def
CIP3PreviewImage
... < image data >
CIP3EndPreviewImage
```

例程 7-1 描述了预览图像的宽为 2000px，高为 1400px，每个像素用 8 位表示，这时图像中的像素数据 0 表示无墨，255 表示 100% 的油墨；如果每个像素用 1 位表示，则 0 表示 100% 的油墨，1 表示无墨。图像为合成图像，图像数据顺序为从左到右、从上到下。图像的分辨率为 50.8dpi。图像数据编码方式为 ASCIIHexDecode，压缩方式为 DCTDecode（JPEG）。这里省略了图像数据。

例程 7-2：具有两个分色图的预览图像。

```
CIP3BeginPreviewImage
CIP3BeginSeparation
/CIP3PreviewImageWidth 2000 def
/CIP3PreviewImageHeight 1400 def
/CIP3PreviewImageBitsPerComp 8 def
/CIP3PreviewImageComponents 1 def
/CIP3PreviewImageMatrix [2000 0 0 1400 0 0] def
/CIP3PreviewImageResolution [ 50.8 50.8 ] def
/CIP3PreviewImageEncoding /ASCII85Decode def
/CIP3PreviewImageCompression /RunLengthDecode def
CIP3PreviewImage <...runlength compressed and ASCII85 encoded im-
age data of first separation...>
CIP3EndSeparation
CIP3BeginSeparation
/CIP3PreviewImageWidth 2000 def
/CIP3PreviewImageHeight 1400 def
/CIP3PreviewImageBitsPerComp 8 def
/CIP3PreviewImageComponents 1 def
......
CIP3EndSeparation
CIP3EndPreviewImage
```

例程 7-2 描述了含有两个分色版预览图，与例程 7-1 中描述的组合图不同的是，CIP3PreviewImageComponents 为 1，表示是单个的分色图片，此外，两个分色版预览图分别存放在一个"Separation"类型的结构体内。

具有预览图像数据后，传递曲线是计算墨量的基础，在 PPF 文件中被作为属性保存。有两种传递曲线，即到胶片的传递曲线（CIP3TransferFilmCurveData）和到印版的传递曲线（CIP3TransferPlateCurveData）。

例程 7-3：传递曲线。

```
/CIP3TransferFilmCurveData [ 0.0   0.0   0.2   0.3   0.35   0.5   0.5
0.65   0.7   0.8   1.0   1.0 ] def
/CIP3TransferPlateCurveData[ 0.0 0.0 0.3 0.25 0.475 0.4 0.6 0.525
0.75 0.7 1.0 1.0 ] def
```

这里的数据都是成对的，第一个数据是原始数据，紧跟其后的是传递后的数据。我们把例程 7-3 中的这两组数据用表 7-5 和表 7-6 表示出来。到胶片的传递曲线数据用图的形式表示出来，如图 7-6 所示。

表 7-5　胶片的传递曲线数据

输入	输出（胶片）
0	0
0.2	0.3
0.35	0.5
0.5	0.65
0.7	0.8
1.0	1.0

表 7-6　印版的传递曲线数据

输入	输出（印版）
0	0
0.3	0.25
0.475	0.4
0.6	0.525
0.75	0.7
1.0	1.0

假设从 PPF 预览图得到的图像像素值为 179，则这个数据可以被解释为 70% 的网点面积率（$179/255 \times 100\% = 70\%$）。根据胶片的传递曲线，胶片上的对应网点面积率为 80%，从胶片复制到印版上，根据印版的传递曲线，印版上得到的网点面积率可以由 F4 和 F5 点插值计算，大约为 74.2%。

图 7-6　胶片的传递曲线

为了计算分色文件每个墨区的平均覆盖率，将对应的预览图像分成若干列，每个列的宽度和印刷机上的墨区的宽度对应，如图 7-7 所示。从图 7-7 中可以看出，预览图像的宽度小于墨区的宽度，应用软件一般还会做一些进一步的处理。例如，在图像的两端加入若干像素来进行匹配，这样就可以获取各个墨区的墨量数据，并将其传递给印刷机，以便于做油墨预设。

图 7-7　预览图的墨区分布

7.2.2　基于 PPF 的印后参数预设

印后参数预设是 PPF 的又一个重要应用。通过 PPF 中的数据信息，印后设备可以进行快速的设备预设。下面以一个裁切参数的 PPF 描述来介绍 PPF 在印后的应用。

首先，在裁切工序中，裁切块的位置描述是非常重要的。如果有图 7-8 所示的裁切块布局，可以使用 PPF 来描述。如裁切块 1（Block 1）可以使用例程 7-4 进行描述。

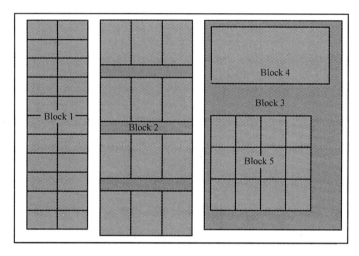

图 7-8　裁切块布局

例程 7-4：裁切块 1（Block1）的裁切定义。

```
CIP3BeginCutBlock
/CIP3BlockTrf [1 0 0 1 4 cm 4 cm] def
/CIP3BlockSize [20.2 cm 66.22 cm] def
/CIP3BlockElementSize [10.1 cm 6.02 cm] def
/CIP3BlockSubdivision [2 11] def
/CIP3BlockType /CutBlock def
/CIP3BlockElementType /Unknown def
/CIP3BlockName (Block 1) def
CIP3EndCutBlock
```

例程 7-4 中，CIP3BlockTrf 矩阵 $\begin{bmatrix} 1 & 0 & 4 \\ 0 & 1 & 4 \\ 0 & 0 & 1 \end{bmatrix}$ 定义了裁切块的起始位置和方向；

CIP3BlockSize 定义整个裁切块的尺寸，宽为 20.2cm，高为 66.22cm；CIP3BlockElementSize 定义每个裁切子块的宽为 10.1cm，高为 6.02cm；CIP3BlockSubdivision 定义宽方向和高方向裁切子块的数目分别为 2 和 11；CIP3BlockType 定义块的类型为"CutBlock"。

此外，裁切版中的各类标记及其位置也是裁切工序需要描述的重要信息。在 PPF 中，各种裁切标记都有各自特点的名字，如图 7-9 所示。图中的各种裁切标记，标记的定位点于灰色十字线的中心。

如果有如图 7-10 所示裁切标记的布局，则在 PPF 中这些裁切标记可采用例程 7-5 进行描述。

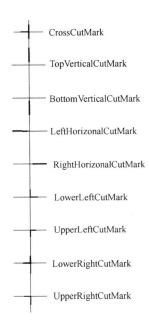

图 7-9 PPF 中裁切标记图-名对照

图 7-10 裁切标记布局图

例程 7-5：裁切标记。

```
15.1 cm 52.0 cm /TopVerticalCutMark CIP3 PlaceCutMark
29.4 cm 52.0 cm /TopVerticalCutMark CIP3 PlaceCutMark
33.6 cm 52.0 cm /TopVerticalCutMark CIP3 PlaceCutMark
47.9 cm 52.0 cm /TopVerticalCutMark CIP3 PlaceCutMark
52.1 cm 52.0 cm /TopVerticalCutMark CIP3 PlaceCutMark
66.4 cm 52.0 cm /TopVerticalCutMark CIP3 PlaceCutMark
15.1 cm 52.0 cm /LeftHorizontalCutMark CIP3 PlaceCutMark
66.4 cm 52.0 cm /RightHorizontalCutMark CIP3 PlaceCutMark
15.1 cm 31.0 cm /LeftHorizontalCutMark CIP3 PlaceCutMark
66.4 cm 31.0 cm /RightHorizontalCutMark CIP3 PlaceCutMark
15.1 cm 31.0 cm /BottomVerticalCutMark CIP3 PlaceCutMark
29.4 cm 31.0 cm /BottomVerticalCutMark CIP3 PlaceCutMark
33.6 cm 31.0 cm /BottomVerticalCutMark CIP3 PlaceCutMark
47.9 cm 31.0 cm /BottomVerticalCutMark CIP3 PlaceCutMark
52.1 cm 31.0 cm /BottomVerticalCutMark CIP3 PlaceCutMark
66.4 cm 31.0 cm /BottomVerticalCutMark CIP3 PlaceCutMark
15.1 cm 26.0 cm /UpperLeftCutMark CIP3 PlaceCutMark
29.4 cm 26.0 cm /CrossCutMark CIP3 PlaceCutMark
33.6 cm 26.0 cm /CrossCutMark CIP3 PlaceCutMark
47.9 cm 26.0 cm /CrossCutMark CIP3 PlaceCutMark
```

```
52.1 cm 26.0 cm /CrossCutMark CIP3 PlaceCutMark
66.4 cm 26.0 cm /UpperRightCutMark CIP3 PlaceCutMark
15.1 cm 5.0 cm /LowerLeftCutMark CIP3 PlaceCutMark
29.4 cm 5.0 cm /CrossCutMark CIP3 PlaceCutMark
33.6 cm 5.0 cm /CrossCutMark CIP3 PlaceCutMark
47.9 cm 5.0 cm /CrossCutMark CIP3 PlaceCutMark
52.1 cm 5.0 cm /CrossCutMark CIP3 PlaceCutMark
66.4 cm 5.0 cm /LowerRightCutMark CIP3 PlaceCutMark
```

例程7-5中，在描述每一个裁切标记时，首先是描述裁切标记的位置的 X、Y 坐标，然后给出该裁切标记的名称，最后通过 "CIP3 PlaceCutMark" 指明描述的内容是裁切标记。如例程7-5中第一行表示：将垂直的顶部裁切标记放置在 X、Y 坐标为（15.1，52.0）的位置上，位于图 7-10 的左上角。

第8章

可扩展置标语言（XML）

可扩展置标语言（eXtensible Markup Language，XML）也称可扩展标记语言和可扩展标识语言，是由万维网协会（W3C）组织于1996年开始开发的一种置标语言，是标准通用置标语言（Standard Generalized Markup Language，SGML）的一个子集。XML作为一种面向各类信息的数据存储工具和可配置载体的开放式标准，是文本处理及网络数据交换中的一种重要的标记语言。JDF数据标准便是基于XML的。本章主要对XML语言的基本发展历史、XML文档结构组成及语法规则、XML Schema和XML的编辑与浏览工具进行简要介绍，以使读者对XML有一个初步的了解。

8.1 XML 概述

XML是一种用于信息描述的语言，而非计算机编程语言。它不能像C++、Java等编程语言实现逻辑运算，但可实现信息的描述与存储。XML文档是以".xml"为扩展名的文本文件，可以使用"记事本"这类文本编辑器打开并编辑，也可被Internet Explorer 4.01或更高的版本浏览。

XML标准可以追溯到IBM于1969年为解决不同系统中文档格式不同的问题所开发的通用标记语言（Generalized Markup Language，GML）。GML是一套信息编码系统，使信息独立于出版和传送媒介之外，使文本可在不同设备与软件间以相同的方式被编码与传输，实现信息共享。1985年，IBM继续完善GML成为标准通用标记语言（Standard Generalized Markup Language，SGML）。ISO于1986年采纳了SGML，并发布了为生产标准化文档而定义的标记语言标准ISO 8879。但由于SGML存在"复杂度太高"和"开发成本高"的问题，使得SGML在Web上的推广受到阻碍。为适应互联网应用发展的需求，特别是网络数据交互和业务集成的需求，W3C专门成立专家组开发了一种复杂度不高，兼具SGML的强大功能和可扩展性的新标记语言，即XML语言。1998年2月，W3C批准了XML 1.0规范V1版本。XML一经推出，便在数据描述领域得到广泛应用。例如，在印刷工业领域，CIP4组织基于XML制定了用于描述印刷生产与管理信息的JDF标准，PODi（Print On Demand initiative，按需印刷倡议联盟）组织基于XML制定了用于可变数据页面信息的PPML标准。图8-1简要描述了标记语言从GML开始发展的历程。

XML标准本身简单，但与XML相关的标准却种类繁多。例如，W3C制定的相关标准就有20多个，不同行业采用XML也制定了许多数据标准，重要的电子商务标准就有10多个，还包括上述的印刷工业的 JDF 和 PPML 等。总的来说，XML 相关的标准可以分为元语言标准（Meta-Language）、基础标准（Foundation-Language）和应用标准（Application-Language），其标准体系如图 8-2 所示。

元语言标准用来描述标准的元语言，是 XML 标准本身，它是整个标准体系的核心，其他 XML 相关标准都是用它制定的或

图 8-1　标记语言发展历程简图

为其服务；基础标准则都是为 XML 的进一步实用化制定的标准，规定了采用 XML 制定标准时的一些公用特征、方法和规则，如 Schema；应用标准则是针对某一信息描述的具体应用需求使用 XML 标准（元语言标准）而制定的数据标准，如 JDF 和 PPML。为满足本课程后续学习的知识需求，本章将重点介绍元语言标准 XML 的语法，并简要介绍 Schema。

图 8-2　XML 标准体系

8.2　XML 语法

8.2.1　XML 概述

从 XML 的命名来看，XML 的核心还是置标语言。但 XML 不仅是置标语言，而且还是可扩展的置标语言。"置标"的定义是：为了处理的目的，在数据中加入附加信息，这种附加信息称为置标。"置标语言"的定义则是：运用置标法描述结构化数据的形式语言。在 XML 中，置标就是对数据添加一些可代表一定语意的"标记"。例程 8-1 是一个简单的 XML 文档。

例程 8-1：

```
<? xml version = "1.0" encoding = "UTF-16"? >
<印刷机 >
    <设备名称 >单张纸胶印机 </设备名称 >
    <生产厂家 >北人集团
```

```
<地址>北京</地址>
</生产厂家>
<出厂日期>2007年10月20日</出厂日期>
</印刷机>
```

上面的 XML 文件中所有带有"< >"的附加信息即为置标，如<印刷机>、<设备名称>、<生产厂家>等均为置标。不难发现这些置标的标记名称都是用户自己定义的，这即是 XML 的可扩展性。因此，"可扩展性"是指 XML 允许用户按照 XML 规则自由定义标记名，这样使得 XML 文件能够很好地体现数据的结构和含义。

观察例程 8-1 中的 XML 文档，一个 XML 文档最基本的构成是 XML 声明和 XML 元素。<? xml version = "1.0" encoding = "UTF-16"? >是一个 XML 声明。version = "1.0" 定义 XML 的版本为 1.0，encoding = "UTF-16" 定义 XML 文档所使用的编码为 UTF-16。

XML 声明下面是文档中的各个 XML 元素。每个元素都必须包括一个"起始标记"和一个"结束标记"。一个元素的"起始标记"和"结束标记"间可以包含文本数据或再嵌套其他元素，其中被嵌套的元素是该元素的子元素或称该元素是被嵌套元素的父元素。紧跟在 XML 声明之后的元素称为"根元素"，又称为"文档元素"，其他元素都封装（被嵌套）在根元素中。XML 文件有且仅有一个根元素。

例程 8-1 中，包含五个元素，其中"<印刷机>…</印刷机>"为根元素，它的起始标记是"<印刷机>"，结束标记是"</印刷机>"。"<设备名称>…</设备名称>""<生产厂家>…</生产厂家>"" <出厂日期>…</出厂日期>"都是根元素的子元素，"<地址>…</地址>"元素又是"<生产厂家>…</生产厂家>"的子元素。

例程 8-2 中的两个 XML 文档都存在错误。其中，"A. xml"中缺少根元素，"B. xml"中根元素的子元素的起始标记和结束标记嵌套有误（"设备名称"与"出厂日期"元素交叉）。

例程 8-2：

```
A. xml
<? xml version = "1.0" encoding = "GB2312" ? >
<设备名称>单张纸胶印机</设备名称>
<出厂日期>2007年10月20日</出厂日期>
B. xml
<? xml version = "1.0" encoding = "GB2312" ? >
<印刷机>
  <设备名称>单张纸胶印机<出厂日期>
  </设备名称>2007年10月20日</出厂日期>
</印刷机>
```

应用程序要分析和利用 XML 文档中的数据，则首先需要通过"XML 解析器"来处理 XML 文档。XML 解析器是 XML 文档和应用程序之间的一个"桥梁"，它为应用程序从 XML 文档中解析出所需要的数据（见图 8-3）。XML 文档必须符合一定的语法规则，只有符合这些规则，XML 文档才可以被 XML 解析器解析。一个严格遵守 XML 语法的 XML 文档称为"格式良好的（well-formed）"XML 文档。一个"格式良好的"XML 文档具有良好的结构性，这大大提高了应用程序处理 XML 数据的准确性和效率。

图 8-3 XML 解析器功能示意图

8.2.2 "格式良好的"XML 文档

尽管 XML 的可扩展性允许"随心所欲"地建立自己的"标记名"集，但不能"随心所欲"地写 XML 文档，而必须严格遵守 XML 语法的规定。若所写的 XML 文档未严格遵守 XML 语法，则该文档不是一个"格式良好的"XML 文档，应用程序处理该 XML 文档时将无法对文档数据进行任何处理。

"格式良好的"XML 文档无论是从物理结构上讲，还是从逻辑结构上讲，XML 文档都必须遵守 XML 1.0 规范中的语法规则。在 8.1 节中已经涉及了"格式良好的"XML 文档应该满足的部分条件，下面将总结并补充一下应该遵守的基本语法规则：

1）文档应包含一个或多个元素。

2）文档中有且仅有一个根元素，该元素无任何部分出现在其他元素中。

3）元素必须正确关闭，即任何元素要有正确的起始标记和结束标记。

4）元素不能交叉嵌套。

5）属性值必须加引号。

值得注意的是，上面列出的只是基本规则，"格式良好的"还有其他具体的要求，即 XML 语法。在实际应用中常使用两类工具来检验一个 XML 文档是否是"格式良好的"：一个是用 Internet Explorer 4.01 或更高的版本打开要检验的 XML 文档，如果报错，那么该文档就不是"格式良好的"；另外就是用一些 XML 编辑软件中的"检查格式良好"的工具进行检验，图 8-4 所示示意了 Altova XMLSpy 软件中"检查格式良好"的按钮工具。

8.2.3 XML 声明

在一个规范的 XML 文档中，第一行必须是"XML 声明"，其前面不能有空白或其他的处理指令以及注释。XML 声明以"<?"标识开始，以"? >"标识结束。在"<?"后面紧跟着处理指令名称"xml"。XML 声明的主要作用是告诉 XML 处理程序，将 XML 中的某些标记交由某个事先制作好的程序来解释。例程 8-3 是一个简单的 XML 声明。

图 8-4 Altova XMLSpy 软件中"检查格式良好"的按钮工具

例程 8-3：

```
< ? xml version = "1.0" encoding = "UTF-16" ?  >
```

1. XML 声明中的版本属性

一个 XML 声明必须包含"version"属性，指明该 XML 文档使用的 XML 版本号。一个简单的 XML 声明可以只包含"version"属性。目前该属性的取值只能是 1.0，1.1 版本还没有正式公布。

2. XML 声明中的编码属性

XML 声明中可以指定"encoding"属性的值，该属性规定 XML 文档采用哪种字符集进行编码。如果在 XML 声明中没有指定"encoding"属性的取值，那么该属性的默认值是"UTF-8"。XML 文档使用 UTF-8 编码，不仅可以包含拉丁字母 a、b、c 等，还可以包括汉字、日本的片假名和平假名、朝鲜语以及其他许多语言中的文字。一般常见的编码如下：

- 简体中文码——GB2312。
- 繁体中文码——BIG5。
- 压缩的 Unicode 编码——UTF-8。
- 压缩的 UCS 编码——UTF-16。

8.2.4 元素

当写好一个 XML 声明时，一个新的 XML 文档就宣告诞生了。下面就是 XML 文档的实质内容——元素。XML 文档中的元素分为"非空元素"和"空元素"两种。

1. 非空元素

"非空元素"的起始标记是"＜标记名称＞"，结束标记是"＜/标记名称＞"。元素的起始标记和结束标记之间的内容称为该元素所标记的内容，简称"元素的内容"。

起始标记以"＜"标识开始，用"＞"标识结束，"＜"标识与"＞"标识之间是标记名称和属性列表。需要注意的是，在"＜"标识与标记名称之间不能含有空格，在"＞"标识的前面可以有空格和回车换行。

结束标记以"＜/"标识开始，用"＞"标识结束，"＜/"标识与"＞"标识之间是标记名称。需要注意的是，在"＜/"标识与标记名称之间不能含有空格，在"＞"标识的前面可以有空格和回车换行。

非空元素的语法格式如下：

<标记名称 属性列表 >元素的内容 </标记名称 >

或：

<标记名称 >元素的内容 </标记名称 >

另外，在非空元素中还需要注意以下几点：

1）每个非空元素都必须包括一个起始标记和一个结束标记。

2）一个元素的起始标记和结束标记中的标记名称必须一致。

例如，在 < Hello > Hello，World！</Hi > 中，起始标记的标记名称是 "Hello"，而结束标记的标记名称是 "Hi"，标记名称不一致，故该元素不是 "格式良好的"。

3）在标记中标记名称必须区分大小写。

例如，在 < Comment > Customer info text </comment > 中，标记名称的第一个字母大小写不一致，故该元素不是 "格式良好的"。

2. 空元素

在元素的起始标记和结束标记之间没有 "元素的内容"，则称该元素为空元素。为了简便起见，对于空元素，可以在非空元素格式的基础上不写结束标记，而在起始标记的 " > " 标识前加以斜杠 "/" 来确认。这样的标记称为 "空标记"。

具体来讲，空标记以 " < " 标识开始，用 "/ > " 标识结束，" < " 标识与 "/ > " 标识之间是标记名称和属性列表。需要注意的是，在 " < " 标识与标记名称之间不能含有空格，在 "/ > " 标识的前面可以有空格和回车换行。使用空标记标识一个空元素的语法格式如下：

<标记名称 属性列表 / >

或：

<标记名称/ >

例程 8-4 中示例了两个正确且等价的空元素。在 XML 文档的实际编写过程中，用空标记标识一个空元素更为常用。

例程 8-4：

```
<Empty > </Empty >
<Empty/ >
```

----

8. 2. 5　属性

属性是指元素的属性，可以为元素添加附加信息。属性可以在非空元素的 "起始标记" 和空元素的 "空标记" 中的属性列表处声明。

属性是一个名值对，即属性必须由名称和取值组成。在一个标记中可以包含任意多个属性，属性名不能重复，用 " = " 为属性名指定一个取值。属性的语法格式如下：

属性名称 = "取值"

例如，< 桌子 width = " 200" height = " 500" length = " 800" > </桌子 >。

8.2.6 注释

注释以"<! --"开始，以"-- >"结束，XML 解析器将忽略注释的内容，不对其做解析处理。注释语法格式如下：

<! --注释内容-- >

例程 8-5 是含有一个注释的合法的 XML 文档。

例程 8-5：

```
<? xml version = "1.0" encoding = "UTF-8" standalone = "no" ? >
<! --简单的 XML 文件-- >
<家具 >
    <桌子 width = "200" height = "500" length = "800" > </桌子 >
    <凳子 width = "60" height = "260" length = "800"/ >
</家具 >
```

值得注意的是，当在 XML 文档中使用注释时，要遵守以下几个规则：

1）在注释文本中不能出现字符"-"或字符串"--"，否则 XML 解析器会将它们和注释结束标记"-- >"相混淆。

2）不能把注释文本放在标记之中。

例如，在 <家具 <! --简单的 XML 文件-- > > </家具 >中，注释文本放在起始标记中，因此它不是一个"格式良好的"元素。

3）注释不能被嵌套，其中不能再包含另一对注释符号。

4）注释文本不能放在 XML 声明之前，必须确保把 XML 声明作为 XML 文档中的第一行。

8.2.7 名称空间

由于 XML 文档中的元素名和属性名可由用户自由定义，因此将不可避免地产生使用相同的元素名、属性名来置标不同意义的数据内容这类命名冲突问题。名称空间（Namespace）标准则是为解决这类命名冲突问题而提出的。名称空间标准通过隶属不同的名字空间来相互区别不同意义的相同元素名和属性名。值得注意的是，在一些工业应用中，对于不同的元素名和属性名也会用名字空间来声明其各自隶属的名字空间，以便 XML 解析器能根据名称空间区别地处理这些元素名和属性名。

名称空间的声明必须在元素的"起始标记"中用保留属性"xmlns"来声明，分为有前缀和无前缀的名称空间。

1. 有前缀和无前缀的名称空间

"有前缀的名称空间"使用"前置命名法"声明，其语法如下：

xmlns：前缀 = 名称空间名

例如，<JDF xmlns：HDM = " http：//www. heidelberg. com/Schema/HDM" > </JDF >。

"无前缀的名称空间"使用"默认命名法"声明，其语法如下：

xmlns＝名称空间名

例如，＜JDF xmlns＝" http：//www. heidelberg. com/Schema/HDM" ＞ ＜/JDF＞。

需要注意的是，"xmlns"与":"、":"与名称空间的前缀之间不要有空格。另外，名称空间的前缀和名称空间的名字是区分大小写的，如例程8-6中分别声明了三个不同的"有前缀的名称空间"。

例程8-6：

```
Xmlns:XAUT ="www. xaut. edu. cn"
Xmlns:XAUt ="www. xaut. edu. cn"
Xmlns:XAUT ="www. XAUT. edu. cn"
```

2. 名称空间的作用域

名称空间的作用域是指一个名称空间声明可以作用到哪些元素和属性。有前缀和无前缀的名称空间的作用域是不同的。

若一个元素声明的是"有前缀的名称空间"，当该元素和该元素的所有子元素准备隶属该名称空间时，则必须在元素前引用这个"名称空间的前缀"，使得该元素隶属于该名称空间。一个元素通过在标记名称前添加"名称空间的前缀"和"冒号"来实现引用（前缀、冒号和标记名称之间不要有空格），如例程8-7所示。

例程8-7：

```
<? xml version ="1. 0" encoding ="UTF-8" ? >
< XAUT:Student xmlns:XAUT ="http://www. xaut. edu. cn"
    <XAUT:张三 >博士毕业 </XAUT:张三 >
    <XAUT:李四 >硕士毕业 </XAUT:李四 >
</XAUT:Student >
```

若一个元素声明的是"无前缀的名称空间"，则该名称空间可作用到声明它的元素，以及该元素内没有引用"名称空间的前缀"的所有子元素。

例程8-8：

```
<? xml version ="1. 0" encoding ="UTF-8" ? >
<Student xmlns ="http://www. xaut. edu. cn"
       xmlns:XJU ="http://www. xju. edu. cn" >
     <张三 >博士毕业 </张三 >
     <XJU:李四 >硕士毕业 </ XJU:李四 >
</Student >
```

例程8-8中的"Student"元素既有"无前缀的名称空间"声明，又包含"有前缀的名称空间"声明。首先，"Student"元素的子元素"张三"和"李四"默认隶属于无前缀的名称空间。但是"李四"的标记名称前引用了"名称空间的前缀"——"XJU"，因此，"李四"默认隶属于"无前缀的名称空间"被"有前缀的名称空间"覆盖，从而隶属于"有前缀的名称空间"。

8.3 XML 模式简介

XML 模式是使用 XML 语法定义的一个 XML 基础标准，XML 模式文档（Schema 文档）是扩展名为".xsd"的文本文件。XML 模式的制定是为了约束 XML 文档中的文档结构、元素、属性、数据类型等。对于 JDF 标准，则有专门的 Schema 文档来约束使用哪些元素、属性、数据类型及其文档结构来描述印刷生产与管理的相关信息。

1. 根元素

XML 模式文档的根元素必须是"schema"，且必须包含名称空间声明"xmlns：xs="http：//www.w3.org/2001/XMLSchema""。根元素"schema"还可以包含其他多个名称空间，例程 8-9 中的"schema""根元素还包含了其他两个名称空间声明。

例程 8-9：

```
<xs:schema xmlns:xs="http://www.w3.org/2001/XMLSchema"
           xmlns:jdf="http://www.CIP4.org/JDFSchema_1_1"
           xmlns:jdftyp="http://www.CIP4.org/JDFSchema_1_1_
           Types">
                ...

</xs:schema>
```

2. 元素约束

XML 模式用"element"元素来约束 XML 文档中的元素。若"element"是根元素的子元素，则这样的元素称为全局元素。全局元素可以约束 XML 文档中的任何级别上的子元素。

XML 模式把元素分为"简单元素"和"复杂元素"两类。

（1）"简单元素"　对于没有子元素和属性的元素称为"简单元素"，即该元素为"简单类型"。XML 模式使用"简单类型"的"element"来约束。XML 模式中"简单类型"的"element"的定义格式如下：

<xs：element name="元素名称" type="简单数据类型" />

其中，"元素名称"就是对应的 XML 文档中元素的名称，"简单数据类型"是对"元素的内容"文本数据的限制。XML 模式可以使用的"简单数据类型"有 int、float、double、date、time、string 等。例如，<xs：element name="生产日期" type="xs：date" />。"elemnet"约束（定义）了 XML 文档中的"生产日期"没有子元素和属性，且"元素的内容"的数据类型必须是"xs：date"，即必须是"yyyy-mm-dd"的形式。

（2）"复杂元素"　对于有属性或子元素的元素称为"复杂元素"，即该元素为"复杂类型"。XML 模式使用"复杂类型"的"element"元素来约束。XML 模式中"复杂类型"

的"element"的定义格式如下：

```
<xs:element name="元素名称">
  <xs:complexType>
  …
  </xs:complexType>
</xs:element>
```

例如，例程8-10中使用"elemnet"元素约束（定义）了XML文档中名称为"老师"的元素。

例程8-10：

```
<xs:element name="老师">
  <xs:complexType>
    <xs:sequence>
      <xs:element name  ref="姓名"/>
      <xs:element name  ref="学历"/>
      <xs:element name  ref="职称"/>
    </xs:sequence>
  </xs:complexType>
</xs:element>
```

例程8-10中的"element"元素约束XML文档中名称为"老师"的元素必须顺序地包含三个子元素，其中的"**<xs: element name ref="子元素名称"/>**"的作用是：当前"element"元素约束的XML文档的子元素名称由参数"ref"指定，同时指明对该子元素进行约束的"element"元素中的元素名称是"子元素名称"。

3. 属性约束

XML模式用"attribute"元素来约束XML文档中的属性。"attribute"元素的格式如下：

```
<xs:attribute name="属性名称" type="基本数据类型" use="条件"/>
```

其中，use的可取值为"required""optional""fixed""default"。

"attribute"元素必须在"复杂类型"的"element"元素中使用，指出"复杂类型"约束的XML标记应当有什么样的属性。

例程8-11：

```
<xs:element name="操作人员">
  <xs:complexType>
    <xs:simpleContent>
      <xs:extension base="xs:string">
        <xs:attribute name="工号" type="xs:int" use="required"/>
```

```
      </xs:extension>
    <xs:simpleContent>
  </xs:complexType>
 </xs:element>
```

在例程 8-11 中的"复杂类型"元素中使用了"attribute"元素来约束"操作人员"元素必须要有"工号"属性，且"工号"属性是由整型数字组成的字符串。

8.4　XML 编辑工具

XML 是由标记及其所标记的内容构成的纯文本文件，因此编制 XML 文档时所使用的工具有很多的选择。这些工具通常可分为两大类，即普通编辑工具和专用编辑工具。

8.4.1　普通编辑工具

普通编辑工具是最基本的文本编辑器，也是最简单的工具。它们虽然不能真正理解 XML，但用于编辑和创建一个 XML 文档是足够的。

（1）记事本和写字板　由于 XML 本身就是纯文本文件，因此可用"记事本"和"写字板"这类单纯处理文本的工具进行编辑。在类编辑环境中编辑 XML 文档很简单，只需要将 XML 文档内容输入到这两个工具中，编辑完后以".xml"作为扩展名保存文件即可。当然也可以新建一个文本文档，然后把该文档的扩展名重命名为".xml"，再用以上两个工具打开并将 XML 文档内容输入，编辑完后保存即可。

（2）Office 2003 组件　2003 及其以上版本的 Microsoft Office 组件增强了对 XML 的支持，用户可以使用 Word 文字处理程序和 FrontPage 网页设计程序等对 XML 文档进行编辑。

8.4.2　专用编辑工具

专用编辑工具相对于普通编辑工具具有理解 XML 文档的能力，同时还有所见即所得、彩色标识 XML 文档中不同类型的内容等这类辅助编辑功能。常用的专用编辑工具较多，本书将介绍 Altova XMLSpy 2006 软件。

Altova XMLSpy 2006 是由奥地利的 Altova 软件公司开发的专业 XML 工具软件，该公司是从事专业化 XML 相关技术与工具软件开发的公司，XMLSpy 2006 软件就是其中的一个高端产品，用户可以从"http：//www.altova.com"网站直接获得软件的最新版本，但是用户只能拥有 30 天的免费试用期，因为它是一个付费软件。本书为叙述方便，约定后续文中用"XMLSpy"指代"Altova XMLSpy 2006 软件"。

XMLSpy 能为使用 XML 技术的程序员提供一个完整的开发环境。图 8-5 所示为 XMLSpy 的操作界面。用户可以使用软件中提供的菜单工具为自己的 XML 工作服务，并且它还是一个支持中文的 XML 编辑工具。

图 8-5　Altova XMLSpy 2006 操作界面

8.5　XML 浏览工具

JDF 是基于 XML 的，即一个 JDF 文档（或 JDF 实例）是一个 XML 文档，一个有效的 JDF 文档首先是一个"格式良好的"的 XML 文档。JDF 模式（JDF Schema）是 CIP4 提供的用于约束 JDF 的内容和数据类型的 XML 模式。因此，为了让读者能更快地进入对 JDF 的学习，本节将用 JDF 文档替代 XML 文档、用 JDF 模式替代 XML 模式以进行本节内容的讲解，让读者了解如何使用一定的浏览工具方便地阅读和理解 JDF 文档和 JDF 模式。

8.5.1　常用浏览工具

阅读 JDF 文档或 JDF 模式可以使用一些 XML 专用编辑工具（如 Altova XMLSpy 2006）或 Internet Explorer 4.01 以上版本的浏览器。其中，XML 的专用编辑工具可以提供一些直观且视图化的工具来帮助用户阅读和理解 JDF 文档和 JDF 模式。此外，针对 JDF 文档，一些专门的 JDF 浏览软件，如 CIP4 网站上可以免费下载到的 CIP4 JDF Editor，也是一个非常不错的选择。

8.5.2　JDF 文档的阅读与分析

首先，可以利用 XMLSpy 来阅读和分析 JDF 文档的结构层次，具体的操作步骤如下：

1）使用 XMLSpy 打开一个 JDF 文档，如图 8-6 所示。在图 8-6 中，其左边有一列图标被标识出来，单击这些"⊖"图标，图标所在行对应的元素的所有子元素均将被隐藏，然后只显示该元素的起始标记。

2）通过单击左侧的"⊖"图标后，可以得到该 JDF 的结构。例如，图 8-7 所示就是得到的 JDF 根节点下所有子元素的视图。同样，在左侧有一列图标被标识出来，单击这些"⊕"图标，图标所在行对应的元素的所有子元素均将被展开，然后可以查看元素的细节。

```
1    <?xml version="1.0" encoding="UTF-8"?>
2
3    <JDF DescriptiveName="Hard Proofing" ICSVersions="Base_L1-1.0 MIS_L1-1.0 "
4      ID="Book0001" JobID="J001" JobPartID="001" Status="Ready"
5      Type="ProcessGroup" Version="1.3" xmlns="http://www.CIP4.org/JDFSchema_1_1" >
6
7
8      <AuditPool>
9        <Created Author="DigitalProof JDF Editor 1.0"  TimeStamp ="
     2006-04-20T19:46:28+08:00"/>
10     </AuditPool>
11
12     <CustomerInfo CustomerID="Cust_001">
13       <Comment>Customer info text</Comment>
14       <Contact ContactTypes="Customer
15       <Company OrganizationName="Name of Componany" />
16       <Person FirstName="Karl" FamilyName="Mustermann" />
17       <Address City="Musterstadt" Street="Musterstr" PostalCode="123456" />
18       <ComChannel Locator="+49 00001234" ChannelType="Phone" />
19       <ComChannel Locator="mustermann@muasterconpany.com" ChannelType="Email" />
20     </Contact>
21     </CustomerInfo>
```

图 8-6　在 XMLSpy 中打开 JDF 文档

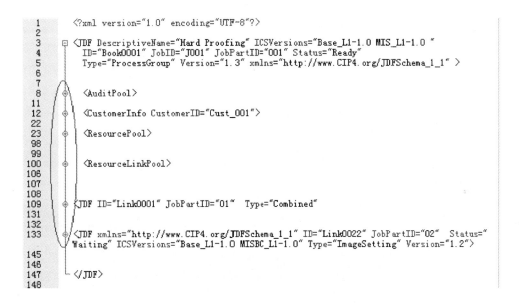

图 8-7　在 XMLSpy 中 JDF 节点的结构层次

利用编辑主窗口下方的"栅格（Grid）"按钮，可得到更直观的、可视化的该 JDF 文档的结构层次，JDF 节点的栅格图如图 8-8 所示。

在没有 XMLSpy 工具的情况下，Internet Explorer 也是一个不错的工具。操作步骤和用 XMLSpy 很相似，首先用 Internet Explorer 6.0 打开 JDF 文档，如图 8-9 所示，单击左侧的"－"图标，可以得到与 XMLSpy 中"⊖"图标一样的效果。图 8-10 中的最后五行是单击"－"图标后得到的结构。随后，"－"图标变为"＋"图标，且"＋"图标与 XMLSpy 中"⊕"图标的效果一样。

8.5.3　JDF 模式的阅读与分析

对 JDF 模式进行阅读与分析有助于快速了解 JDF 元素需要什么样的元素、属性及数据

图 8-8　在 XMLSpy 中 JDF 节点的栅格图

```
<?xml version="1.0" encoding="UTF-8" ?>
- <JDF DescriptiveName="Hard Proofing" ICSVersions="Base_L1-1.0
  MIS_L1-1.0" ID="Book0001" JobID="J001" JobPartID="001"
  Status="Ready" Type="ProcessGroup" Version="1.3"
  xmlns="http://www.CIP4.org/JDFSchema_1_1">
  - <AuditPool>
      <Created Author="DigitalProof JDF Editor 1.0" TimeStamp="2006-
      04-20T19:46:28+08:00" />
  </AuditPool>
  - <CustomerInfo CustomerID="Cust_001">
      <Comment>Customer info text</Comment>
      - <Contact ContactTypes="Customer">
```

图 8-9　在 Internet Explorer 6.0 中打开 XML 文档

```
<?xml version="1.0" encoding="UTF-8" ?>
- <JDF DescriptiveName="Hard Proofing" ICSVersions="Base_L1-1.0
  MIS_L1-1.0" ID="Book0001" JobID="J001" JobPartID="001"
  Status="Ready" Type="ProcessGroup" Version="1.3"
  xmlns="http://www.CIP4.org/JDFSchema_1_1">
  + <AuditPool>
  + <CustomerInfo CustomerID="Cust_001">
  + <ResourcePool>
  + <ResourceLinkPool>
  + <JDF ID="Link0001" JobPartID="01" Type="Combined"
```

图 8-10　在 Internet Explorer 6.0 中 JDF 节点的结构

类型。对 JDF 模式的理解，对编程人员在印刷流程知识不够丰富或没有充分阅读 JDF 说明书的情况下进行程序开发是大有益处的。

下面通过一个 JDF 模式的片段来学习在"模式视图"中如何分析模式中的各项约束。

例程 8-12：

```
<xs:schema xmlns:xs = "http://www.w3.org/2001/XMLSchema" >
<xs:element name = "ByteMap" >
```

```
<xs:complexType>
  <xs:sequence>
    <xs:element name = "FileSpec"minOccurs = "0"/>
    <xs:element name = "Band"maxOccurs = "unbounded"/>
    <xs:element name ="PixelColorant" maxOccurs ="unbounded"/>
  </xs:sequence>
  <xs:attribute name = "BandOrdering" type = "NMTOKEN " use = "op-
  tional"/>
  <xs:attribute name = "Resolution" type = "jdf:XYPair" use =
  "required"/>
</xs:complexType>
</xs:element>
</xs:schema>
```

首先把例程 8-12 中的模式代码保存在一个扩展名为 ".xsd" 的文件中，然后用 XMLSpy 打开，得到 "文本" 视图下显示文本代码的效果，如图 8-11 所示。在编辑主窗口的下方有一排可单击的按钮，单击 "Schema/WSDL"，可得到 "模式" 视图下显示的效果，如图8-12所示。

```
1  ⊟ <xs:schema xmlns:xs="
     http://www.w3.org/2001/XMLSchema">
2        <xs:element name="ByteMap">
3          <xs:complexType>
4            <xs:sequence>
5              <xs:element name="FileSpec"
     minOccurs="0"/>
6              <xs:element name="Band" maxOccurs
     ="unbounded"/>
7                <xs:element name="PixelColorant"
     maxOccurs="unbounded"/>
8              </xs:sequence>
9            <xs:attribute name="BandOrdering" type
```
| 文本 | 册格 | Schema/WSDL | 直观 | 浏览器 |

图 8-11　在 XMLSpy 中的 "文本" 视图显示效果

在图 8-12 中，最左端的是被约束的 "ByteMap" 元素，与之连接的分支线的上部连接的是 "attributes" 节点，单击 "⊞" 图标可看到 "ByteMap" 元素的所有属性，虚线框表示可选的属性，如图 8-13 所示。分支线的下部连接的是 "顺序包含" 图标 ▭▭▭，该图标表示 "ByteMap" 元素顺序地有右面连接的子元素。

图 8-12　在 XMLSpy 中的 "模式" 视图显示效果　　　图 8-13　"模式" 视图中显示的可选的属性

图 8-14 所示是"模式"视图下显示的 JMF 节点元素的元素结构。

图 8-14　JMF 节点元素在"模式"视图中显示

第**9**章

JDF基本理论

  JDF 数据标准是计算机集成印刷系统中实现信息集成的关键技术。然而 JDF 数据标准是一个非常庞大的体系，2005 年 9 月 30 日发布的《JDF specification 1.5》对 JDF 标准的描述已达到了 1000 多页，因此本书无法在有限的篇幅内详细地讲解其技术细节，只能对 JDF 基本理论进行概述。首先，本章对 JDF 标准的体系结构进行阐述，然后对 JDF 基本语法和 ICS 定义设备 JDF 接口的原理进行讲解，最后通过拼大版 JDF 文件让读者对 JDF 语法有更直观的认识。

9.1 JDF 标准概述

  在 1995 年的 Drupa 上，CIP3（International Cooperation for the Integration of Prepress，Press，Postpress）第一次提出使用一种畅通的数据交换和标准化的工作流程来重建印刷过程的倡议。在 2000 年春季的 Drupa 例会——Seybold 会议上，Adobe、Agfa、Heidelberg 和 Man Roland 共同提出了一种基于 XML 的数据格式——作业定义格式（Job Definition Format，简称 JDF）。它具有与生产设备无关，格式统一且覆盖生产全过程的特点。CIP4（International Cooperation for the Integration of Prepress，Press，Postpress and Process）的首席运营官 Jim Harvey 认为，JDF 首先是用于印刷作业描述和机器的共同语言，其次，它是工作流程的设置、控制与监视的一种柔性方法。

9.1.1 JDF 概述

  JDF 是一个数据交换标准，不是一个可以买到的应用设备或软件产品。基于 JDF 的工作流程解决方案能够让应用者在数字化的生产环境下，使印刷系统具有成为一个具备高效率的柔性制造系统的潜力。所谓柔性制造系统，就是可以快速且低成本地从一种产品切换到另一种产品的生产，使生产系统具有高度的柔性以应对需求的不确定性和环境的不确定性。

  需要特别注意的是，JDF 仅仅是信息集成的手段，使用了基于 JDF 的工作流程解决方案只代表系统内部的数据交换变得顺畅，但是实现一个真正高效率的、柔性的生产系统，还需要对系统内部做进一步的过程集成优化。例如，实施"并行工程"。

  JDF 标准的信息描述原理不仅融合了 Adobe 的 PJTF 和 CIP3 的 PPF 的作业描述原理，同时也融合了用于印刷作业跟踪标准 IFRAtrack 和 PrintTalk 的消息描述原理。作为印刷系统中的数据交换标准，它覆盖了印刷生产全过程，把生产相关的所有信息以树形结构封装（结构化）在基于 XML 的 JDF 文档中。JDF 通过 JDF 文档的传输和共享，实现信息集成。下面将分析印刷系统中的哪些信息可被 JDF 结构化。

首先，业务员利用客户的生产询问就可以制定一个 JDF 文档。这个 JDF 文档封装了客户数据、产品数据等信息。待创建（或确定）了一个生产订单后，这个 JDF 文档会增加生产说明信息。当生产说明被封装在 JDF 文档后，便可直接被生产后期的"任务交付"功能模块利用。在生产过程计划中，差不多就要从产品描述出发，把所有为了制造出该产品所需的工序、处理过程和所用的设备等信息都详细地封装到该 JDF 文档中。为了使生产轻松，这些处理过程描述应尽可能地作为现有的 JDF 模板来装载，在一定的情况下进行调用。如果需要，这个 JDF 文档还可以进一步被完善或修改。在整个生产过程中，作业生产的跟踪信息对于生产控制、生产评估、后期结算以及修正订单报价等都是有用的，所以这类信息也应该封装到 JDF 文档中。最终，可以看到这个 JDF 文档封装了以下信息：客户主数据、产品描述、过程描述、生产资料、过程运行和记录。

JDF 把不同的信息封装在不同的 JDF 节点中，这些节点在 JDF 文档中是以一个树形结构来确定的。通过它们的模块化设计，在需要的时候，可以根据要求进行修改或做进一步完善。所有处理过程在进行生产时，它们的运行参数和变化都在 JDF 中被记录，这样这些处理过程都能在以后需要的时候被重建起来，并且这些记录数据还可用于生产评估。

1. 客户主数据

客户主数据如地址、联系人、电话、E-mail 等，通常是以一个详细的客户档案在数据库中进行保存和维护的。在 JDF 中，对于每一个生产任务的重要客户信息是在"CusterInfo"（客户信息）这个 JDF 元素中保存。因此，这些数据在生产运行过程中能直接被各个不同的过程利用。

2. 产品描述

在 JDF 中通过对产品的描述，建立起了一个有等级的、有序的节点组成的树形结构。在 JDF 的产品描述结构中，最终产品和中间产品作为产品节点被标识，并且产品是从客户的角度来进行描述的。对于标准的产品类型可以把相应的产品节点存档，使用者就能以 JDF 模板的形式在以后需要时对其进行调用。

具体如何实现产品描述中的生产意图（如印刷质量、装订方式等）是在过程描述中被描述，而不依赖于产品描述。

3. 过程描述

与产品描述相似，过程描述可以让我们获知生产的整个处理完成过程，也是以 JDF 的树形结构来存储的。所有中间产品的生产过程都必须调查清楚，然后放入一个运行队列中。过程描述结构类似产品描述结构，所有的生产步骤都作为节点来描述。单个的过程（如折页、装订和裁切）可以按一定顺序组合，确定出一个工作组（如印后加工）。进一步，过程中所需的生产资料可以确定下来。由于 JDF 是模块化的，因此很容易进行修改，以适应变化的生产情况。

4. 生产资料

实现一个生产过程必须在过程开始前确定出相应的生产资料。在 JDF 的树形结构中，资料作为资源来标识。资源可以是生产过程进行加工的资料或生产过程制造的中间产品及成品。在 JDF 中，资源也可以是数字化的，如 PDF 文档；进一步，设备参数在 JDF 中也可被视为资源，如 ICC-Profile；某些生产过程在继续之前需要一个"通过许可"。例如，在打样过程后，客户的签名（数字的）对于后续的生产过程是必需的。同样，这样的元素在 JDF 中也视为资源。

在一个生产过程中，所需的资料作为"输入资源"被标识，生产过程输出的资料作为"输出资源"被标识。

5. 过程运行

在生产产品时，生产步骤依循一个定义好的运行顺序。生产运行顺序是通过资源的输入与输出来定义的。在 JDF 中，使用资源链接（RessourceLink）元素来描述。

过程运行的描述存放在节点信息（NodeInfo）元素中，它可以在生产计划时或在后续的生产准备中确定。节点信息元素又包含在 JDF 树形结构中的每一个节点里。该元素包含节点实施运行需要的所有逻辑信息。

节点信息元素包含的主要信息首先是准确的生产过程时间，其次是该生产过程需要哪台设备或哪个工人。这样对过程运行做详尽描述的好处是：生产可以通过明确的生产时间和资源计划等条件（哪个过程什么时间在哪台设备上运行，由此可以进行早期的准备工作）被一致性地、统一地确定下来。

因为 JDF 是模块化构建的，和过程描述一样，所以可以在需要时随时进行修改。

6. 记录

在整个生产运行过程中，各种运行指数和数据都可收集并记录到 JDF 数据中，然后用于生产评价。每一个加工步骤结束时，该处理过程的重要数据都要被记录在稽核库（Audit-Pool）元素中，该元素是定义该处理过程的 JDF 节点的子节点。在该元素中记录的信息有：JDF 节点的创建和变化；在过程运行和资源消耗中的重要数据；过程的开始与结束时间、准备时间、中断时间、操作者更换；资源供应和资源的分配与收集；生产过程节点中的突发事件和问题；过程中发现的错误（如不需要的资源链接、错误的资源链接、缺少资源、缺少链接等），这些错误都可以通过 JMF 消息通信或在测试过程中获得。

稽核库元素有文件收集、整理和利用的特点，由此在生产过程结束后无须对其追加更多的修改；通过对整个生产过程的记录，生产过程中的错误、校正和变化等得到追踪，因此可获得一个好的生产透明度；同时，对于每一个生产任务中被追踪的重要数据都可用于商务评价；发现和检查出来的错误一旦得到记录，那么在以后的生产中就可以被避免。

9.1.2 JDF 标准的构成体系

如前所述，JDF 被视为首先是用于印刷作业描述的共享描述语言，然后是共通的机器语言，最后是设置、控制与监视工作流程的一种柔性方法。为了实现这些功能，JDF 标准主要包含了三个方面的标准：印刷作业描述、系统内实时消息通信描述和工作流程的组织。

（1）印刷作业描述 它与静态的印刷作业有关，涉及印刷客户的具体要求、全部工序的说明和技术参数。

（2）系统内实时消息通信描述 它与动态的消息有关，涉及工作流程的状态监视、设备控制和信息的反馈等。

（3）工作流程的组织 它与工作流程中的设备有关，涉及设备的功能分工和接口界面，用于保证工作流程中的设备能够协同工作。

为此，JDF 标准体系拥有三个标准子集：JDF、JMF 和 ICS。其中，JDF 是作业定义格式（Job Definition Format），属于"印刷作业描述"方面的标准；JMF 是作业消息格式（Job Message Format），属于"系统内实时消息通信描述"方面的标准；ICS 是协作互通性规范（Interoperability Conformance Specification），属于工作流程的组织方面的标准。它们之间的关系可以用图 9-1 表示。ICS 基于 JDF 和 JMF，通常 JDF 和 JMF 被统称为 JDF。目前，JDF 和 JMF 是在一个 JDF 规范说

图 9-1　JDF 标准体系

明书中定义的，ICS 则是由一套 ICS 说明书来定义的。截止到 2013 年底，JDF 规范说明书（JDF 与 JMF 标准）最新版本都为 1.5 版本。由于 ICS 是基于 JDF 与 JMF 标准的，因此 ICS 说明书的最新版本相对滞后，有分别基于 JDF 1.2、JDF 1.3 和 JDF 1.4a 的版本。下面将分别简要地介绍 JDF、JMF 和 ICS。

1. JDF

JDF 是在整合 PPF 和 PJTF 的功能与作业描述原理的基础上，做了进一步的扩充和延伸。通过 JDF，可以对所有的生产过程进行详细定义。当前的 JDF 1.4 定义了 11 个常规过程（General Process）、35 个印前过程（Prepress Process）、3 个印刷过程（Process）和 49 个印后过程（Postpress Process），同时定义了 20 个意图资源（Intent Resource）、191 个过程资源（Process Resource），几乎覆盖印刷制造的全部过程。印刷制造的执行系统和 MIS 均可在 JDF 的支持下进行应用集成。

2. JMF

JDF 印刷工作流程是动态相互作用的过程、设备和 MIS 的集合。为使整个流程有效运行，过程或设备之间必须能在预先规定好的方式下进行通信和相互协作。JMF 格式即是为实现 JDF 印刷工作流程中的即时通信而专门定义的通信格式。JMF 吸收了 PrintTalk 组织定义的印刷电子商务沟通标准的主要描述内容，因而 JMF 能实现报价请求、报价和报价确认等电子商务的功能。此外，JMF 还吸收了 IFRAtrack 信息交换标准的主要描述内容，因此，也能够实现作业跟踪，以及对现场作业的远程监控和控制。

JMF 在结构上与 JDF 相似，也基于 XML 编码。在 JDF 工作流程系统中，JMF 与 JDF 文件分离，是独立的文件。JDF 工作流程中的通信可以分为五种情况，对应到 JMF 中称为"消息家族"的六个高级元素，即询问（Query）、命令（Command）、回应（Response）、告知收到（Acknowledge）、信号（Signal）和注册（Registration）。

3. ICS

有了统一的 JDF 数据交换格式，但要在异构系统中实现真正的协同工作还有一定的困难。事实上，没有任何一台单独的设备能独自完成 JDF 定义的所有工作，只是支持 JDF 的一部分。也就是说，在工作流程中支持 JDF 的两个系统并不意味着就能协同工作。因此，在不同的系统之间相互协同工作的时候，首先要弄清对方 JDF 设备到底具备哪些功能。为此，CIP4 定义了一个协作互通性规范（Interoperability Conformance Specification，ICS）。

ICS 的基本思想是为不同类型的设备定义它应该支持的最小的 JDF 指令和参数集合。因为并非每个设备都需要支持所有的 JDF 指令和参数，如将 RIP 参数发给印刷机是没有意义的。并且，即使对于同一类型的设备，ICS 还可以分为不同的 ICS 类别。例如，对于数码印

刷机，ICS拟制定三个类别的协作互通性规范，分别对应桌面打印机、部门级打印机和高端数码印刷机。通过ICS，不仅能够大幅度减少JDF系统供应商的工作量，更为重要的是，可以真正实现异构系统的协同工作。ICS是基于JDF的，所以在标识ICS的版本时，都会标注其基于的JDF版本号，如目前最新的ICS是基于JDF 1.3的，即可写为JDF 1.3 ICS。截止到2013年6月17日，CIP4共发布了30个ICS文件，见表9-1。通过表9-1可以发现，随着市场对印刷产品的不断细化，ICS文件也被不断完善。这些ICS分别针对JDF产品的不同功能进行"协作互通性"规定。只有使用兼容对应的ICS的JDF产品来组建工作流程，才能保证顺畅的信息交流，进而协同工作。

表9-1 现有各ICS文件的发布时间对照表

发布时间	ICS文件标题	简称	版本号	基于的JDF版本号
2013-6-17	DWF ICS	DWF	1.4	JDF 1.4a
2010-10-17	Prepress to Conventional Printing ICS	PRECP	1.4	JDF 1.4a
2010-10-17	MIS to Conventional Printing ICS	MISCPS	1.4	JDF 1.4a
2010-9-10	Common Metadata for Document Production Workflows ICS	PDF/VT	1.0	JDF 1.4a
2009-10-26	MIS to Prepress ICS	MISPre	1.4	JDF 1.4a
2009-10-22	Base ICS	Base	1.4	JDF 1.4a
2009-10-22	JMF ICS	JMF	1.4	JDF 1.4a
2009-10-22	MIS ICS	MIS	1.4	JDF 1.4a
2009-10-22	Layout Creator to Imposition ICS	LayCrImp	1.4	JDF 1.4a
2009-2-27	Integrated Digital Printing ICS	IDP	1.3	JDF 1.3
2008-6-03	MIS to Conventional Printing -Sheet-Fed ICS	MISCPS	1.3	JDF 1.3
2008-6-03	Prepress to Conventional Printing ICS	PRECP	1.3	JDF 1.3
2008-6-03	Commercial Web: MIS to WebPress ICS	MISWebComm	1.3	JDF 1.3
2008-6-03	Newspaper: MIS to WebPress ICS	MISWebNewspaper	1.3	JDF 1.3
2008-6-02	Customer to MIS ICS	CusMIS	1.3	JDF 1.3
2007-8-09	MIS ICS	MIS	1.3	JDF 1.3
2007-7-30	JMF ICS	JMF	1.3	JDF 1.3
2007-7-29	MIS to Prepress ICS	MISPre	1.3	JDF 1.3
2007-7-27	Office Digital Printing ICS	ODP	1.3	JDF 1.3
2007-7-26	Layout Creator to Imposition ICS	LayCrImp	1.3	JDF 1.3
2007-7-26	MIS to Finishing ICS	MISFin	1.3	JDF 1.3
2007-7-18	Base ICS	Base	1.3	JDF 1.3
2007-3-29	MIS to Conventional Printing -Sheet-Fed ICS	MISCPS	1.0	JDF 1.2
2006-2-27	Integrated Digital Printing ICS	IDP	1.0	JDF 1.2
2006-2-19	Base ICS	Base	1.0	JDF 1.2
2006-2-09	MIS ICS	MIS	1.0	JDF 1.2
2006-6-02	MIS to Prepress ICS	MISPre	1.01	JDF 1.2
2005-7-20	Layout Creator to Imposition ICS	LayCrImp	1.0	JDF 1.2
2005-6-20	Binding ICS	Binding	1.0	JDF 1.2
2005-6-20	Prepress to Conventional Printing ICS	PRECP	1.0	JDF 1.2

为了对市场上 JDF 产品兼容 ICS 的程度给出一个具有信服力的结论，以保证使用者能够方便地选购 JDF 产品并组建顺畅的工作流程，CIP4 把 ICS 认证工作授权给了美国印刷工业协会/印艺技术基金会（Printing Industries of America/Graphic Arts Technical Foundation，PIA/GATF）。JDF 产品提供商可以向 PIA/GATF 提出 ICS 认证申请，然后 PIA/GATF 将根据所需认证的 JDF 产品的功能选择对应的 ICS 规范，并进行产品测试，最后给出 JDF 和 JMF 的顺从等级。在 JDF 1.3 ICS 之前，只给出 JDF 的顺从等级，也就是 JDF 的顺从等级与 JMF 的顺从等级是同义的。但是，一个 JDF 产品会出现 JDF 的顺从等级高于 JMF 的顺从等级的情况。因此，PIA/GATF 把对 JDF 和 JMF 的顺从等级鉴定分离开来。

不难理解，ICS 还是 JDF 产品的开发指南。因为，所开发的产品应该支持的 JDF 指令和参数是由 ICS 规定的。只要是根据 ICS 开发的 JDF 产品都将通过 PIA/GATF 的 ICS 认证。

9.1.3 ICS 的内容与其相互间的关系

ICS 为不同功能的 JDF 产品指定了九部分的 ICS，从而为不同的设备规定了所应该兼容的最小 JDF 子集。下面具体介绍这些 ICS 文件。

首先，每一个 ICS 文件都定义了 JDF 标准的一个子集。其中"Base ICS"定义了任何 JDF 产品都应该兼容的 JDF 子集，也就是 JDF 产品所应实现的最基本的 JDF 功能；"JMF ICS"定义了一个具有 JMF 通信功能的 JDF 产品所应兼容的 JMF 子集；"MIS ICS"定义了 MIS 系统中所有的接口都应该兼容的最基本的 JDF 子集和 JMF 子集；"MIS to Prepress ICS"定义了 MIS 系统与印前系统间相互通信时 MIS 应该兼容的最基本的 JDF 子集和 JMF 子集；"MIS to Conventional-Sheet Fed ICS"和"MIS to Finishing ICS"分别定义了 MIS 系统与传统单张纸印刷机以及印后加工单元间互通信时 MIS 应该兼容的最基本的 JDF 子集和 JMF 子集；"LayCrlmp ICS"中的 LayCrlmp 是"Layout Creator to Imposition"的缩写，即版式设计软件到拼大版软件间，它们进行信息交流时需要遵循的 JDF 子集；"Integrated Digital Printing ICS"和"Binding ICS"两个 ICS 文档是基于 JDF 1.2 而创建的，"Binding ICS"定义的是具有骑马订、装订软封面或硬封面的 JDF 印后设备所应兼容的 JDF 子集。然而，值得注意的是，虽然"Integrated Digital Printing ICS"在 ICS1.3 下尚未出现，但是 ICS1.3 推出了一个新的 ICS 文档——Office Digital Printing ICS。可以把"Office Digital Printing ICS"理解为是市场将数字印刷设备进一步细化出专业办公用数字印刷设备的必然结果。

图 9-2 给出了部分 ICS 文档间的关系。图中居于上层的 ICS 文档是基于下层的 ICS 文档的，也就是说，上层的 ICS 文档定义的 JDF 子集应该包含了下层定义的 JDF 子集，图中并列排放的 ICS 文档则是相互独立的。CIP4 在编写这些 ICS 文档时，为了避免信息的大量重复，上层的 ICS 文档只写出了下层的 ICS 文档所定义的 JDF 子集之外的 JDF 子集。也就是说，上层 ICS 定义的 JDF 子集加上下层所有的 ICS 文档所定义的 JDF 子集才是该 ICS 最终定义的 JDF 子集。以"MIS to Prepress ICS"为例，它定义的 JDF 子集应该是在"MIS to Prepress ICS"内的 JDF 子集加上位于其下层的"MIS ICS""JMF ICS"和"Base ICS"所定义的 JDF 子集。

综上所述，ICS 显然是定义了某一功能的 JDF 产品所应兼容的 JDF 最小子集，其实就是定义了 JDF 产品的接口。ICS 定义了 JDF 接口需要发送什么 JDF（JMF）信息（消息）和接收什么 JDF（JMF）信息（消息）。因此，这些在 JDF 产品的开发中显得特别重要，而在研

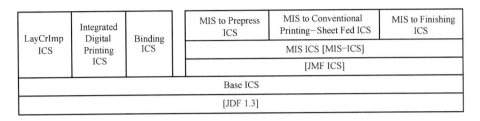

LayCrImp ICS	Integrated Digital Printing ICS	Binding ICS	MIS to Prepress ICS	MIS to Conventional Printing−Sheet Fed ICS	MIS to Finishing ICS
				MIS ICS [MIS−ICS]	
				[JMF ICS]	
Base ICS					
[JDF 1.3]					

图 9-2　ICS 文档的层次结构关系

究 JDF 本身方面，ICS 就显得不那么重要了。

在 JDF 产品的开发过程中，也不需要阅读所有的 ICS 文档，只要阅读与 JDF 功能对应的 ICS 文档和其下层的所有 ICS 文档即可。

9.2　基于 JDF 的印刷制造信息集成数据规范

9.2.1　印刷过程与 JDF 节点

在 JDF 中，单个原子操作视为一个过程（Process），定义为一个过程节点，多个过程的组合定义为一个过程组节点。一个完整的印刷制造作业信息由若干个过程节点、过程组节点和产品节点来定义，这些节点用根树表示形成 JDF 节点树（见图 9-3）。在 JDF 节点树中，最终产品及其组成部分以产品节点的形式定义在根及层次靠近根的分枝点上，成为节点树的叶节点；生产产品的过程组以过程组节点的形式定义在节点树的中部，它是过程节点的父辈；具体的生产描述以过程节点的形式定义在叶上，是过程组的父辈。一个 JDF 节点树定义一个作业。所有的节点共同描述了一个产品，即描述产品和如何生产该产品。产品节点、过程组节点和过程节点都是以 JDF 为元素名，以 Type 的属性值来指示元素类型，此类元素也称为 JDF 节点。在例程 9-1 中，过程节点的 Type 属性值为特定生产操作（如 Conventional-Printing 和 Cutting），过程组节点中，Type = "ProcessGroup"，产品节点中，Type = "Product"。过程所需的制造信息（主要是指印刷制造生产过程中的工艺信息、物料信息和生产信息）被精确地定义在对应的过程节点内。例程 9-2 为笔者编写的 JDF 文档（也称作业传票（Job Ticket）），它定义打印输出过程的过程节点，其精确定义了打印输出过程的输出内容、承印物信息和打印工艺参数。

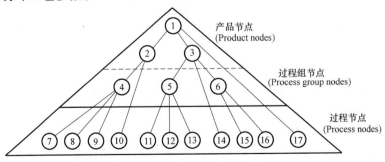

图 9-3　JDF 节点树示意图

例程 9-1:

```
<JDF Type ="Product"  DescriptiveName ="封面"… >
  <JDF Type ="ProcessGroup"DescriptiveName ="封面生产" … >
    <JDF Type ="ConventionalPrinting"DescriptiveName ="封面印刷"… >
    …
    </JDF >
    <JDF Type ="Cutting"DescriptiveName ="封面裁切" … >
    …
    </JDF >
  </JDF >
</JDF >
```

例程 9-2:

```
<JDF xmlns ="http://www.CIP4.org/JDFSchema_1_1" ID ="Link0022" JobPar-
tID ="02"  Status ="Waiting" ICSVersions ="Base_L1-1.0 MISBC_L1-1.0"
Type ="ImageSetting"  DescriptiveName ="打印输出" Version ="1.3" >
  <ResourcePool >
    <RunList ID ="Link0021" Class ="Parameter" Status ="Available" >
      <LayoutElement >
      <FileSpec URL ="file:///out/Color Book1.TIFF" />
      </LayoutElement >
    </RunList >
    < ImageSetterParams ID = "Link0023" Class = "Parameter" Center-
      Across = " FeedDirection " CutMedia = " true " MirrorAround =
      "None" Polarity = " Positive " Sides = " OneSidedBackFlipX "
      Status ="Available"/ >
    < ExposedMedia ID = " Link0025 " Class = " Handling " ColorType =
      "Color" ProofName = " color book " ProofQuality = " Halftone "
      ProofType ="Page" Status ="Unavailable" >
      <MediaRef rRef ="Link0024" / >
      <FileSpec URL ="File:///proofer.icc" / >
    </ExposedMedia >
    < Media ID = " Link0024 " Class = " Consumable " FrontCoatings =
      "InkJet" Grade ="3" ImagableSide ="Front" MediaType ="Paper"
      Opacity = " Opaque " Thickness = "8.0" Weight ="200" Status =
      "Available"/ >
  </ResourcePool >
```

```
    <ResourceLinkPool>
      <RunListLink rRef="Link0021" Usage="Input"/>
      <MediaLink rRef="Link0024" Usage="Input"/>
      <ImageSetterParamsLink rRef="Link0023" Usage="Input" />
      <ExposedMediaLink rRef="Link0025" Usage="Output" />
    </ResourceLinkPool>
  </JDF>
```

在过程组节点中有一类特殊的过程组节点——灰盒子（GrayBox）。正如前面定义的那样，过程节点必须和所有的资源相连。但如果在 MIS 中获取不到所有的信息，则 JDF 提供"灰盒子"来定义必要条件中的最少部分。

"灰盒子"是一个拥有 Types 属性的过程组节点。在"灰盒子"里可以不包含其他的过程组节点或过程节点。执行"灰盒子"的控制器会把含有所需要的资源的过程节点插入到过程组节点中，然后删除各自的 Types 属性。如果控制器不能根据 Types 列表创建所有的处理过程，那么它会为那些不能建立的残存的过程创建另一个灰盒子。

在创建过程节点的过程中，其各自的资源必须链接到过程节点中。例程 9-3 和例程 9-4 分别是在 Prinect 系统中"灰盒子"被执行前后的 JDF 代码。

例程 9-3：

```
<JDF DescriptiveName="Text @ PlateMaking" ID="Link940609000053"
JobPartID="1009" Status="Waiting" Type="ProcessGroup" Types=
"ImpositionRIPing ImageSetting">
    <AuditPoll>
        <Created Author="ProcessEditorFrameWork" TimeStamp="2005-
06-05T14:50:00 +00:00"/>
    </AuditPoll>
    <ResourceLinkPool>
        <ExposedMediaLink Usage="Output" rRef="Link939546000037">
          <Part SheetName="Text" SignatureName="SIG#1"/>
        </ExposedMediaLink>
        <RunListLink Usage="Input" rRef="Link940156000042"/>
        <LayoutLink Usage="Input" rRef="Link940468000044"/>
    </ResourceLinkPool>
</JDF>
```

例程 9-4：

```
<JDF DescriptiveName="Text @ PlateMaking" ID="Link940609000053"
JobPartID="1009"Status="Waiting" Type="ProcessGroup">
    <AuditPoll>
```

```
        <Created Author = "JDF Connector" TimeStamp = "2005-06-05T14:50:00
+00:00"/>
    </AuditPoll>
    <ResourcePool>
      < RunList Class = " Parameter " ID = " Link940156009042 " LOcked =
"false" Status = "Unavailable" >
        <ByteMap/>
      </RunList>
  </ResourcePool>
<JDF   ID = "Link940609990053" JobPartID = "1009.P" Status = "Waiting"
Type = "ProcessGroup" Types = "Imposition RIPing" >
      <ResourceLinkPool>
        <RunListLink Usage = "Input" rRef = "Link940156000042"/>
        <LayoutLink Usage = "Input" rRef = "Link940468000044"/>
        <RunListLink Usage = "Output" rRef = "Link940156009042"/>
      </ResourceLinkPool>
</JDF >
< JDF   ID = "Link940609980053" JobPartID = "1009.1" Status = "Waiting"
Type = "ImageSetting" >
      <ResourceLinkPool>
        <RunListLink Usage = "Input" rRef = "Link940156009042"/>
        <ExposedMediaLink Usage = "Output" rRef = "Link939546000037" >
          < Part SheetName = "Text " SignatureName = "SIG#1" />
        </ExposedMediaLink >
      </ResourceLinkPool>
      </JDF >
</JDF >
```

从被执行前后的 JDF 代码中可以看出，执行前后整个过程组节点的 JobPartID 属性值没有改变。控制器在"灰盒子"中创建的过程组节点或过程节点将各自获得一个属于自己的 JobPartID 属性值。这个 JobPartID 属性值是根据整个过程组节点的 JobPartID 属性值扩展而来的，其扩展值紧跟于"."之后。例如，在例程 9-4 中创建的过程组节点的 JobPartID = "1009.P"；创建的过程节点的 JobPartID = " 1009.1"。

9.2.2 JDF 的资源定义

过程在执行时所需要的制造信息都被定义为 JDF 资源，即前面所讲述的输入和输出资源，在 JDF 文档中它们是 ResorcePool 元素的子元素，见例程 9-2 中黑体加粗的代码。根据定义的对象不同，JDF 资源可以分为意图资源（Intent Resources）、参数资源（Parameter Resources）、执行资源（Implementation Resources）和物理资源（Physical Resources）。意图资源只是定义了生产什么样的产品，没有定义如何去生产它们。参数资源定义了过程的细节信息和非物理的数据（如例程9-2中的 ImageSetterParams 元素和 RunList 元素）。执行资源定义了用于执行过程的设备和操作者的细节，JDF 1.3 中只定义了雇员（Employee）和设备（Device）两个执行资源。物理资源描述了过程所需的物理实体的细节信息（如例程9-2中的 Media 元素和 ExposedMedia 元素）。每个资源的定义中，必须要有 ID 属性、资源的状态（Status）属性和类型（Class）属性。ID 属性一般是由 JDF 文档的生产软件自动分配的唯一标识码，状态的属性值指示所对应的资源是可用（Available）还是不可用（Unavailable）等状态。类型属性的属性值指示所对应资源属于哪一类型，例如，意图资源的 Class 属性值是"Intent"，参数资源的 Class 属性值是"Parameter"，物理资源的 Class 属性值可以是"Consumable""Handling"或"Quantity"等。每个资源的 Class 属性值都在 JDF 说明书中被明确地定义。

需要说明的是，在一个具有多个 JDF 节点的 JDF 文档中，各个 JDF 节点所需要的输入与输出资源的存放位置有两种：一种是将各个 JDF 节点的输入与输出资源都存放在自己 JDF 节点的直接子元素 ResourcePool 中；另一种就是将每个 JDF 节点的输入与输出资源都集中存放在该 JDF 文档根 JDF 节点的直接子元素 ResourcePool 中。

在 JDF 1.3 中，NodeInfo 元素和 CustomerInfo 元素作为一种资源被定义在 ResourcePool 中，而不再是 JDF 节点的直接子元素。其中，NodeInfo 元素是一个参数资源，它包含了其对应的过程的行程安排和调度信息，它可以是整个作业的或子作业（Job Part）的资源。因此，该资源对过程的执行具有重要意义。例程9-5就是一个简单的 NodeInfo 资源，它定义了对应过程预期的最终结束的时间。例程9-6是一个客户信息资源，它在 CustomerInfo 元素内定义了客户相关的信息，如客户的名称、所属单位、客户类型和多种联系方式等信息。如果需要更多的联系信息，用户还可以根据 JDF 标准来添加。例程9-7是一个交货意图资源，交货意图元素（DeliveryIntent）的直接子元素 Required 定义了交货时间是 2007-09-18T00：00：00+00：00（Actual="2007-09-18T00：00：00+00：00"），且这个时间是一个时间段（DataType="TimeSpan"），即这不是一个精确的时间。与直接子元素 Required 同辈的 DropIntent 元素是可以定义交货意图的细节信息，如时间、地点和数量等。在 DropIntent 元素的子元素 Required 中重复了前面定义的交货时间，子元素 DropItemIntent 定义了需交付物理资源的数量为5000份（Amount="5000"）。

例程9-5：

```
<ResourcePool>
    <NodeInfo LastEnd="2000-12-24T06:02:42+01:00" ID="Link006"
Class="Parameter" Status="Available" />
    ...
</ResourcePool>
```

例程9-6：

```
<ResourcePool>
        <CustomerInfo CustomerID="Cust_001" ID="Link007" Class="Pa-
rameter" Status="Available">
```

```
        <Comment>Customer info text</Comment>
        <Contact ContactTypes="Customer">
        <Company OrganizationName="XAUT"/>
        <Person FirstName="Rubai" FamilyName="Luo"/>
        <Address City="Xi'an" Street="Jinhua Street" PostalCode=
"710048"/>
        <ComChannel Locator="+81 00001234" ChannelType="Phone"/>
         <ComChannel Locator="luorubai@126.com" ChannelType=
"Email"/>
        </Contact>
    </CustomerInfo>
    ...
</ResourcePool>
```

例程 9-7：

```
<ResourcePool>
<DeliveryIntent ID="Link008" Class="Intent" Status="Available">
 <Required Actual="2007-09-18T00:00:00+00:00" DataType=
"TimeSpan"/>
    <DropIntent>
     <Required Actual="2007-09-18T00:00:00+00:00" DataType=
"TimeSpan"/>
     <DropItemIntent Amount="5000">
    </DropIntent>
  </DeliveryIntent>
  ...
</ResourcePool>
```

9.2.3 JDF 模式

基于 XML 的信息集成，即用 XML 对制造信息进行描述，实现系统间数据的交换与共享。通过 XML 模式（Schema）语言定义基于 XML 的数据交换的格式和内容，可以在集成双方建立统一的交互模型。因此，在基于 XML 的印刷制造信息集成的应用领域，CIP4 为 JDF 数据的格式和内容制定了 XML 模式，称为 JDF 模式。JDF 模式定义了印刷制造信息的通用标记和数据格式。JDF 模式对于兼容 JDF 产品的开发者而言，它是其产品兼容的 JDF 信息的数据规范。对于 JDF 的执行系统而言，它被用于解析 JDF 数据，可以通过一致的 JDF 接口进行动态的信息集成。当把资源用 XML 文档进行描述时，所需的属性名及相关的参数类型都要按照该模式中的规范进行。例如，"<ColorPoolRef rRef="Link0011"/>"中的 rRef 属性就利用到例程 9-8 中黑体加粗代码的规范。

例程 9-8：

```
< xs: schema  targetNamespace = " http://www.CIP4.org/JDFSchema _ 1 _ 1 "
elementFormDefault = "qualified" attributeFormDefault = "unqualified"
version = " V1.2-002 " xmlns: xs = " http://www.w3.org/2001/XMLSchema "
xmlns:jdf = " http://www.CIP4.org/JDFSchema_1_1" xmlns:jdftyp = "ht-
tp://www.CIP4.org/JDFSchema_1_1_Types" >
< xs:include schemaLocation = "JDFResource.xsd" / >
    < xs:import namespace = "http://www.CIP4.org/JDFSchema_1_1_Types"
schemaLocation = "JDFTypes.xsd" / >
    < xs:attributeGroup name = "ResourceAttribs" >
    < xs:attribute name = "AgentName" type = "jdftyp:string" use = "optional" / >
    ...
    < xs:attribute name = "rRefs " type = "jdftyp :IDREFS" use = "optional" / >
    < xs:attribute name = "SpawnIDs" type = "jdftyp:NMTOKENS" use = "option-
al" / >
    < xs:attribute name = "SpawnStatus" type = "jdftyp:eSpawnStatus_" de-
fault = "NotSpawned" / >
    < xs:attribute name = "Status" type = "jdftyp:eResourceStatus_"
use = "required" / >
    < xs:attribute name = "UpdateID" type = "jdftyp:NMTOKEN" use = "op-
tional" / >
    < /xs:attributeGroup >
< /xs:schema >
```

9.3 基于 JDF 的印刷制造信息的执行机制

9.3.1 资源推动机制

执行 JDF 节点时采用了资源推动机制，即对于每一单个 JDF 节点都定义了一系列对应的输入资源和输出资源。当输入资源全部为可用状态时，JDF 节点的执行系统可根据 NodeInfo 参数资源中的行程安排在计划好的时刻消费全部输入资源，同时生产出对应的输出资源，如图 9-4 所示。

当多个单个 JDF 节点协同完成一项生产任务时，是单个 JDF 节点资源推动机制的推广。每一单个 JDF 节点都定义了一系列对应的输入资源和输出资源，第一个 JDF 节点的输入资源被其 JDF 节点的执行系统消费，同时生产出对应的输出资源。当该输出资源输入到其下一个 JDF 节点时，又成为输入资源被消费，如此传递推动 JDF 节点们有序地被执行。以图 9-5 中的"封面生产"为例，"封面印刷"和"封面裁切"两个 JDF 过程节点协同完成"封面生产"

图 9-4　单个节点的执行示例

JDF 过程组节点，三者的等级关系可以用节点树的形式描述，其执行过程如图 9-5 所示。

　　JDF 节点的输入和输出资源，必须在每个 JDF 节点中的 ResorceLinkPool 元素内的子元素都有定义，且 Usage 属性的属性值指示了是输入（Input）还是输出（Output），如例程 9-2 中黑体加粗的代码。

图 9-5　资源推动机制示例

　　例程 9-9 中的代码示例了 JDF 节点间依靠资源链接来实现节点的连接。例程 9-9 中，ID 为 Link0001 的 JDF 节点和 ID 为 Link0022 的 JDF 节点分别为 Ripping 的组合过程节点和出样张的过程节点。"CombinedProcessIndex" 属性指示了该资源是与在 "Types" 属性值中顺序列出的第 n + 1 的过程相关（n 为 CombinedProcessIndex 属性值）。运转表（RunList）是 Ripping 组合过程节点的输出资源，也是出样张过程节点的输入资源，正是这种资源的链接驱动，实现了过程节点的连接。两个过程节点资源链接库中的运转表资源链接（RunListLink）便定义了这种资源的驱动和过程节点连接。

　　例程 9-9：

```
<JDF DescriptiveName = "Hard Proofing" ICSVersions = "Base_L1-1.0 MIS_
L1-1.0 "ID = "Book0001" …  >
   …
  <JDF ID = "Link0001"JobPartID = "01"  Type = "Combined"
     Types = " ColorSpaceConversion Interpreting Rendering Color-
     SpaceConversion Screening"
      Category = " PrePress " Status = " Waiting " Activation =
      "Active" >
  <ResourceLinkPool >
   …
```

```
<RunListLink rRef = "Link0021" CombinedProcessIndex = "4" Usage =
  "Output"/>
</ResourceLinkPool>
</JDF>
<JDF xmlns = "http://www.CIP4.org/JDFSchema_1_1" ID = "Link0022"
JobPartID = "02"  Status = "Waiting" ICSVersions = "Base_L1-1.0 MIS-
BC_L1-1.0" Type = "ImageSetting" Version = "1.2">
    <ResourceLinkPool>
    <RunListLink rRef = "Link0021" Usage = "Input"/>
    …
    <ExposedMediaLink rRef = "Link0025" Usage = "Output"/>
</ResourceLinkPool>
</JDF>
</JDF>
```

根据前面的论述，由于 JDF 节点所需资源有两种存放方式，因此一个具有多个 JDF 节点的 JDF 文档的大致结构如例程 9-10 或例程 9-11 所示。通过示例可以看出，定义的资源可以集中放在 JDF 文档的根 JDF 节点下，也可以分别放在资源所属的 JDF 节点内。但是定义的资源链接必须在其定义的 JDF 节点内。

例程 9-10：

```
<JDF … >
    <ResourcePool>
    <ResourceA/>
    <ResourceB/>
    …
  </ResourcePool>
    <ResourceLinkPool>  …  </ResourceLinkPool>
    <JDF … >
    <ResourceLinkPool>  …  </ResourceLinkPool>
    </JDF>
    <JDF … >
      <ResourceLinkPool>  …  </ResourceLinkPool>
    </JDF>
    </JDF>
```

例程 9-11：

```
<JDF … >
  <ResourcePool>
   <ResourceA/>
```

```
...
</ResourcePool >
  <ResourceLinkPool >  ···  </ResourceLinkPool >
  <JDF ··· >
  <ResourcePool >
  <ResourceA/ >
...
  </ResourcePool >
  <ResourceLinkPool >  ···  </ResourceLinkPool >
  </JDF >
  <JDF ··· >
  <ResourcePool >
    <ResourceB/ >
    ...
  </ResourcePool >
    <ResourceLinkPool >  ···  </ResourceLinkPool >
  </JDF >
    </JDF >
```

9.3.2　JDF 作业分离与合并机制

为了把一个作业的不同部分（即过程节点或过程组节点）提交到分布式的控制器、设备、其他工作区域或工作中心执行，JDF 提供了分裂（Spawning）与合并（Merging）机制。JDF 分裂是提取一个 JDF 子节点并建立一个新的、包含用于执行原始作业中该子节点的所需全部制造信息的完整 JDF 文档的过程。合并是将相互独立的分裂出去的 JDF 节点与原始 JDF 的信息合并在一起。分裂—合并机制可以递归使用。图 9-6 示意了子作业（节点）P.b 的分裂与合并过程。

图 9-6 中，整个过程由分裂点与合并点分为分裂阶段前、分裂阶段和分裂阶段后。分裂阶段前出现在子节点 P.b 未分裂出去期间，存在一个 JDF 文档（作业传票），分裂阶段贯穿子节点 P.b 分裂阶段，存在两个 JDF 文档，一个是原始的 JDF 文档，一个是已分裂出去而成为独立可被执行的新 JDF 文档。在新的 JDF 文档中除了保留所有制造信息外，还添加了分裂信息，其中最重要的是 AncestorPool 元素，里面包含的 Ancestor 子元素记录了此分裂出的新节点的父节点是谁，在递归分裂合并时，父节点的 AncestorPool 元素要复制到新的分裂出的 JDF 文档的 AncestorPool 元素中，

图 9-6　分裂与合并的机制及其过程

然后在其内加入新的 Ancestor 元素，且加入位置是已有的所有 Ancestor 元素的后面。因此，最后一个 Ancestor 元素记录它的父节点，倒数第 2 个记录其父节点的父节点，如例程 9-12 所示。分裂阶段后出现在分裂出的节点合并回原始节点之后，存在一个 JDF 文档。这个 JDF 文档与分裂阶段前的 JDF 可能是不一样的，因为分裂出的 JDF 如果已经被执行，那么执行后的一些制造信息将发生改变。如在未被执行前，则分裂处的子节点中的输出资源状态应为 "Unavailable"，在被成功执行后，其状态将为 "Available"。合并时，AncestorPool 元素的信息是合并路径的依据。

例程 9-12：AncestorPool 元素。

```
<AncestorPool >
    <Ancestor FileName ="file:///grandparent.jdf" NodeID ="p_01"/>
    <Ancestor FileName ="file:///parent.jdf" NodeID ="p_02"/>
</AncestorPool >
```

9.3.3 JDF 工作流程的功能部件

为了组建一个兼容 JDF 的印刷制造的工作网络，实现对 JDF 作业的建立、修改、发送、解析和执行等功能，CIP4 对工作网络中的各个功能模块进行了角色定义和分工。定义的功能部件有设备（Machine）、设备驱动（Device）、代理（Agent）和控制器（Controller）。

（1）设备　它可以是一个物理装置或应用软件，接受代理的控制指令并执行特定加工过程的功能部件。

（2）设备驱动　接收从代理或控制器发送来的 JDF 信息，然后解释其中的 JDF 节点形成控制指令并驱动设备工作。其中，控制指令不属于 JDF 标准范畴。支持 JMF 通信的设备驱动可以与控制器实现动态的交互作用。

（3）代理　具有读写 JDF 信息，即创建和修改 JDF 文档（节点）的功能。它具备创建一个作业、在已有的作业中添加节点或修改其中的节点的能力。代理可以是软件程序、自动化的工具，甚至是文本编辑器。

（4）控制器　控制代理所创建的信息发送到正确的设备驱动上。控制器至少能在一个设备驱动上激发处理过程，或它控制其下一级的某一控制器能在一个设备驱动上激发处理过程。在某些情况下，控制器与控制器间可以是金字塔形的控制结构，上层的控制器可以控制其下一层的控制器，最底层的控制器则必须具备控制设备驱动的能力。为实现控制器间协同工作，实现控制器间的相互通信和其与设备驱动间的通信，控制器间必须支持 JDF 文档的交换协议，甚至可能支持 JMF 通信。控制器间的功能可以用于确定处理过程的计划数据和调度数据，如加工时间和计划产量。

综上所述，四个功能部件中与 JDF 标准有直接联系的是设备驱动、代理和控制器。在进行信息集成的软硬系统开发时，也应该更多地对这三部分内容进行关注。

图 9-7 给出了一个 JDF 功能部件间交互作用形成的金字塔形的控制结构的实例。在图 9-7中，双向箭头表示双向通信，单向箭头表示单向通信。"控制器/代理"表示具有代理工具的控制器，即该控制器具有读写 JDF 功能。工作流程中，各部件名称后面的数字用来表

示它们间的从属关系，如"设备驱动1.1"从属于"控制器/代理1"，也就是"控制器/代理1"控制"设备驱动1.1"。

图 9-7　JDF 和 JMF 在工作流程中的交互作用示例

　　位于最上层的控制器负责指令和监视工作流程执行的各个方面，是一种主控制器。管理信息系统（Management Information Systems，MIS）就是这类控制器。工作流程中各部件间的信息通信是通过 JDF 来实现的，但它是一个静态的通信过程，要实现动态的实时通信则要利用 JMF 消息。对于系统设计者来说，图 9-7 只是一个简单的示例。要设计一个能有效处理已有工作流程机制的流程结构，是一件具有很大机动性的决策工作。

9.4　基于 JMF 的消息通信及其数据规范

　　一个 JMF 消息是一个以 JMF 为根节点的 XML 文档。JMF 消息可以用于的场合有：系统设置、设备驱动和作业的动态状态以及错误跟踪、管道（Pipe）控制、设备驱动设置和作业更换、队列处理、队列中作业优先权设置以及设备性能描述等。

　　针对 JMF 消息家族中的六个成员，JMF 根节点可以直接包含"Query""Response""Signal""Command""Acknowladge""Registration"中的一个或多个元素。根据 JMF 根节点中包含的元素，可以分别定义询问、响应、信号、命令、确认和注册这 6 类 JMF 消息。下面分别介绍这 6 类 JMF 消息。

9.4.1　询问消息

　　询问（Query）消息是一个从网络中的客户端（控制器）发送给控制器（或设备驱动）的询问，为了在不改变控制器（或设备驱动）状态的情况下获得所需要的消息。在发出一个询问消息后，将返回一个响应消息。如果询问消

图 9-8　使用 Subscription 元素的消息交互

息中包含了一个"Subscription"（订阅）元素，那么控制器就会在感兴趣的事件发生时持续地向指定的 URL 地址发送所需要的信号消息，除非客户端向控制器发送一个包含"StopPersistentChanne"（停止持续信道）的命令消息。使用"Subscription"元素的消息交互示意图如图 9-8 所示。

下面来看一个例子：一个 ID 为"K007"的控制器向 ID 为"R007"的 RIP 设备驱动询问 RIP 设备所处的状态。它们间的消息通信过程示意如图 9-9 所示。为了获知 RIP 设备所处的状态，首先需要由控制器发送一个询问消息给 RIP 设备驱动，然后 RIP 设备驱动接收询问后根据实际情况立刻返回一个响应消息来告知当前所处的状态。其中，发送的询问消息可以是例程 9-13 所示的一个询问消息。

图 9-9 询问消息的消息交互

例程 9-13：

```
< JMF xmlns = "http://www.CIP4.org/JDFSchema_1_1" TimeStamp = "2007-
07-25T11:38:23 +02:00" Version = "1.3" SenderID = "K007" >
    < Query ID = "M007" Type = "KnownDevices"/ >
</JMF >
```

例程 9-13 所示的询问消息中，JMF 根节点下包含了一个"Query"元素。在 JMF 元素的属性中定义了该 JMF 遵循的名字空间（xmlns = "http：//www.CIP4.org/ JDFSchema_ 1_ 1"）、消息的发送时间（TimeStamp = "2007-07-25T11：38：23 +02：00"）、JMF 标准遵循的版本（Version = "1.3"）和该消息的发送者（SenderID = "K007"）。JMF 标准在定义 JMF 消息时都以 JMF 为根元素，且 JMF 元素都须具备属性"TimeStamp" "Version" 和 "SenderID"。

作为询问消息，JMF 元素的直接子元素是"Query"元素。JMF 标准中，每个"Query"元素都须具备属性"ID"和"Type"。"ID"属性用来唯一标识该询问消息，"Type"属性定义了询问消息所需询问的内容。当 Type = " KnownDevices" 时，表示该询问消息用于询问下游控制器或设备的情况。

9.4.2 响应消息

响应（Response）消息用于回答询问消息或命令消息。响应消息是从控制器（或设备驱动）向递交询问消息或命令消息的控制器（或设备驱动）发送。

例程 9-14 中的响应消息就是回答例程 9-13 中的询问消息。响应消息中，"JMF"元素的直接子元素是"Response"元素。"Response"元素必有的属性是"ID""Type"和"refID"。其中，"refID"属性用于联系其对应的询问消息或命令消息，也就是说，定义了该响应消息是回答哪个询问消息或命令消息。如在例程 9-14 中，refID = " M007"，其值就是例程 9-13 中 "Query" 元素的 ID 的属性值，也就说明例程 9-14 的响应消息就是回答例程 9-13 中的询问消息。"Response" 元素内包含了 "DeviceList" 元素，它用于详细描述设备的信息。其中，DeviceStatus = "Setup" 就是描述了该设备正处于工作设置阶段，而这个设备就是 ID 号为 R007（DeviceID = " R007"）的设备。DeviceStatus 的属性值还可以是 Aborted、Stopped、Inprogress 和 Cleanup 等。可以注意到，"JMF" 元素的 "SenderID" 属性与 "DeviceID" 属性的属性值是一样的。因为这两个属性是对一个设备驱动处于两种身份时对其进行唯一标识，"SenderID" 属性是标识发送者身份的唯一性，"DeviceID" 属性是标识其作为设备驱动身份的唯一性。

例程 9-14：

```
< JMF xmlns = "http://www.CIP4.org/JDFSchema_1_1" TimeStamp = "2007-
07-25T11:38:25 +02:00" Version = "1.3" SenderID = "R007" >
    < Response Type = "KnownDevices" ID = " M008" refID = " M007" >
     < DeviceList >
     < DeviceInfo DeviceStatus = "Setup" >
       < Device DeviceID = "R007"/ >
     </DeviceInfo >
    </DeviceList >
   </Response >
</ JMF >
```

9.4.3 信号消息

信号（Signal）消息是在某些事件发生时发送给其他控制器（或设备驱动）的一种单向消息。这类消息能够用于自动地发布状态的改变。

控制器可以通过三种方法获得信号消息。第一种方法是通过包含一个 "Subscription" 元素的询问消息来发起初始的询问，这就是图 9-8 所示的方法。第二种方法是在 JDF 节点中通过 "NodeInfo" 资源中的 JMF 元素来发起初始的询问。在 "NodeInfo" 资源中的 JMF 元素是用来定义一个 JMF 询问消息的，因此同样可以在该 JMF 询问消息中包含一个 "Subscription" 元素。这两种方法都是需要一个起始的询问消息来订阅（发起）信号消息，不同的是传递起始询问消息的路径不同。第一种方法通过 HTTP 或 SOAP 这类方法来向控制器发送起始的询问消息，第二种方法则是通过相应的 JDF 节点来传递起始的询问消息。值得注意的是，这两种方法获得的信号消息都包含 "refID" 属性，并以此来引用一个持久的信道。

第三种获得信号消息的方法有别于前两种方法，它不需要一个起始的询问消息来订阅（发起）信号消息，而是通过硬连线的（hard-wired）方式来建立信道。例如，当一个控制器（或设备驱动）在启动服务或中断服务时就会自动产生一个信号消息，然后可根据一个初始化文件中列出控制器的 URL 发送给各个控制器。还比如，当某控制器连入新的网络时也可以自动产生一个信号消息，然后发送给网络中其他的控制器，以此告知大家它所能提供的服务。这种方法获得的信号消息是不能包含 "refID" 属性的，因为它不需要用 "refID" 来引用一个持久的信道。例程 9-15 是一个不包含 "refID" 属性的信号消息。

例程 9-15：

```
<JMF xmlns = "http://www.CIP4.org/JDFSchema_1_1" TimeStamp = "2007-
07-25T12:28:01 +02:00" Version = "1.3" SenderID = "Press001" >
  <Signal ID = "S123" Type = "Status" >
    <StatusQuParams JobID = "Link007" JobPartID = "P01"/ >
    <DeviceInfo DeviceStatus = "Setup"/ >
  </Signal >
</JMF >
```

　　作为信号消息，"JMF"元素的直接子元素是 Signal 元素，它的"Type"属性指明该信号消息所通知的消息类别，Type = "Status"表示该信号消息是关于状态方面的。例程 9-15 中的 Signal 元素拥有"StatusQuParams"和"DeviceInfo"子元素。"StatusQuParams"可以精炼地描述关于设备驱动和作业各方面的信息；"DeviceInfo"可以描述设备驱动当前的状态。例程 9-15 中的信号消息描述了编号为"Press001"（SenderID = "Press001"）的印刷设备正为生产"Link007"作业（JobID = "Link007"）中的"P01"子作业（JobPartID = "P01"）进行试机（DeviceStatus = "Setup"）。

9.4.4 命令消息

　　命令（Command）消息在语法上相当于询问消息，但是它能改变目标设备驱动的状态。命令消息发出后就会立即返回一个响应消息。如果在命令消息中包含一个"Acknowled-geURL"属性，那么设备驱动就可以返回一个带有 Acknowledge = "true"的响应消息，并且在执行完命令消息后还将向"AcknowledgeURL"属性指定的地址发送确认消息。

　　例程 9-16 示范了如何用"ResumeQueueEntry"命令消息来使队列中的一个作业开始执行。首先，命令消息是以"Command"元素作为"JMF"元素的直接子元素。"Command"元素的"Type"属性指明该命令消息的类型。这里的命令消息的类型是"ResumeQueueEn-try"，即该命令消息是用于控制重新开始某一个队列条目的。"Command"元素的子元素"QueueEntryDef"用于指定一个确定的队列条目，它拥有的"QueueEntryID"属性用于描述该队列条目的 ID，该 ID 是由队列的管理者生成的。因此，例程 9-16 的命令消息是 ID 为"MIS A"的 MIS 向 ID 为"Printer001"的打印机发出的开始执行 ID 为"job-001"的队列条目的命令。

　　例程 9-16：

```
  <JMF xmlns = "http://www.CIP4.org/JDFSchema_1_1" DeviceID =
"Printer001" SenderID = "MIS A" TimeStamp = "2007-07-25T12:32:48 +02:
00" Version = "1.3" >
  <Command ID = "M008" Type = "ResumeQueueEntry" >
    <QueueEntryDef QueueEntryID = "job-001"/ >
  </Command >
```

```
</JMF>
```

例程 9-17 是例 9-16 的响应消息。它描述了 ID 为 "Printer001" 的打印机正在执行 ID 为 "job-001" 的队列条目，且该队列条目对应的作业是 ID 为 "job-001" 的作业，此时打印机的队列不再接受新的队列条目（Status = " Full"）。

例程 9-17：

```
< JMF xmlns = " http://www.CIP4.org/JDFSchema _ 1 _ 1 " TimeStamp =
"2007-07-25T12:32:48 +02:00" Version = "1.3" SenderID = "Printer001" >
  < Response ID = "M009" Type = "ResumeQueueEntry" refID = "M008" >
    < Queue DeviceID = " Printer001" Status = "Full" >
      < QueueEntry JobID = "job-001" QueueEntryID = "job-001" Status =
        "Running"/ >
    </Queue >
  </Response >
</JMF >
```

9.4.5　确认消息

确认（Acknowledge）消息是控制器用来非同步地响应命令消息（或询问消息）的一种消息。确认消息类似于响应消息，但响应消息是同步响应的即时消息。为了定义确认消息是回答哪个命令消息（或询问消息），与响应消息一样，使用 "refID" 属性联系其起始的命令消息（或询问消息）。

确认消息可在一个长的反应时间后来告知命令消息的发送者其命令消息被执行的结果。正如 9.4.4 节中所述，只有包含了 "AcknowledgeURL" 属性的命令消息才能发起确认消息。图 9-10 示意了命令消息和确认消息间的消息交互。

图 9-10　命令消息和确认消息间的消息交互

在进行确认消息的代码示例之前，先简单地了解管道资源（Pipe Resource）和"PipeP-ush"（管道推动）消息的执行机制。

在印刷与印后折页这两个邻近的处理过程中，折页处理过程通常并不需要等印刷处理过程把所有的印张都生产完才开始生产，只要印刷的印张达到一定的数量，折页处理过程就可以启动生产，这就是一个重叠过程（Overlapping）。因此，为了在重叠过程中定义印张这类不仅被消耗又能被补充的资源，JDF使用"管道资源"来描述这类资源。"管道"犹如一个动态的缓存器，当P1过程输出的资源进入管道成为"管道资源"后，当"管道资源"的数量达到"2"水位时，P2过程开始工作；当"管道资源"的数量达到"4"水位时，P1过程停止输出资源；当"管道资源"的数量被消耗到"3"水位时，P1过程要重新开始输出资源；在P1过程还未完成所有生产任务前，且"管道资源"的数量却被消耗到"1"水位时，P2过程则停止工作。这就是"管道资源"的工作原理，如图9-11所示。

在图9-11中，P2过程的控制器通过P1过程的控制器发过来的"PipePush"命令消息来知道"管道资源"的可用性，并相应地改变P2过程的状态。在"PipePush"命令消息给P2过程后，P2过程的控制器会立即执行两件事情：一是更新P2过程过程节点的输入资源，另一个是更新P2过程过程节点的资源链接。同时，P2过程的控制器在接收到"PipePush"命令消息后会立即向P1过程的控制器返回一个响应消息。在命令消息被执行完后，P2过程的控制器还会返回一个延时的确认消息，以此向P_2过程的控制器告知命令执行的结果。这个过程就是"PipePush"（管道推动）消息的执行机制。例程9-18就是一个"PipePush"（管道推动）消息的执行机制中的确认消息。

在例程9-18的确认消息中，"JMF"元素的直接子元素是"Acknowledge"元素，使用"refID"属性联系其起始的"PipePush"命令消息，Type＝"PipePush"则表示该确认消息是响应一个"PipePush"命令消息的。"Acknowledge"元素的子元素"JobPhase"则描述了在执行"PipePush"命令消息后P2过程就已经开始处理"J1"作业中的"P1"子作业了。

图9-11 "PipePush"消息的执行机制

例程9-18：

```
< JMF xmlns = "http://www.CIP4.org/JDFSchema _1 _1" TimeStamp =
"2007-07-25T12:32:48 +02:00" Version = "1.3" SenderID = "Printer001" >
    < Acknowledge ID = "M109" Type = "PipePush" refID = "M010" >
```

```
    <JobPhase JobID = "J1" JobPartID = "P1" Status = "InProgress"/ >
    </Acknowledge >
</JMF >
```

9.4.6 注册消息

注册（Registration）消息是 JDF 1.3 新定义的一个 JMF 消息家族成员。注册消息能够要求"该注册消息的接受者"发送命令消息到其指定的第三方"命令消息接收者"。因此，通过注册消息，可以在第三方"命令消息接收者"与"该注册消息的接受者"间建立一个用于获得命令消息的持久信道。

注册消息中，"JMF"元素的直接子元素是"Registration"。"Registration"元素必须含有一个"Subscription"子元素，在"Subscription"元素中则指定了第三方"命令消息接收者"。

9.5 ICS 与工作流程部件的界面

从图 9-7 中可以看出，控制器需要处理位于其上层和下层的工作流程部件，作为主控制器的 MIS 只需要处理位于其下层的工作流程部件，设备驱动只要处理位于其上层的工作流程部件。从这方面来看，其中暗示了两类界面，一类界面是用来处理位于其下层的工作流程部件，另一类界面是用来处理位于其上层的工作流程部件。为此，CIP4 将用来处理位于其下层的工作流程部件的界面定义为"管理者界面"（Manager Interface），将用来处理位于其上层的工作流程部件的界面定义为"工人界面"（Worker Interface）。"管理者界面"可以发送 JDF 实例、JMF 消息和其他数据给在设备驱动或控制器中的"工人"，也可以接收"工人"反馈回的信息。"工人界面"可以接收来自控制器或 MIS 中的"管理者"的 JDF 实例、JMF 消息和其他数据，也可以给"管理者"反馈回信息。

因此，在图 9-7 中，只要哪儿存在一个从下往上来的箭头，那么这儿就存在一个"管理者界面"；只要哪儿存在一个从上往下来的箭头，那么这儿就存在一个"工人界面"。针对于 MIS、"控制器/代理"和设备驱动来说，MIS 必须实现"管理者界面"；"控制器/代理"必须实现"管理者界面"和"工人界面"；设备驱动必须实现"工人界面"，但不需要实现"管理者界面"。

ICS 为不同的设备规定了所应兼容的最小 JDF 子集，具体来说就是规定了设备所应具有的最小处理能力。因此，CIP4 在定义 ICS 的内容时，是通过在 ICS 文档中定义了工作流程部件的界面所应具有的最小处理能力。图 9-12 示意了 ICS 与两类界面的关系。

图 9-12 ICS 与工作流程部件的界面

9.6 拼大版中的 JDF 实例

利用 Creo Preps Version 5.1 先进行拼大版的模板创建，然后利用该模板建立新作业，根据需要导入页面或加入空白页（在后续的印前工作流程可以置入页面，如在印能捷中），最后通过打印的方式生成拼大版的 JDF 作业传票，以便在使用时调用。下面将对已导入页面的拼大版的 JDF 作业传票进行分析。

9.6.1 拼大版节点概述

拼大版（Imposition）节点是一个过程节点。过程节点的位置在节点继承关系的较下层，每一个过程节点均代表独立的生产过程，不能嵌套下一级节点。在节点树中为叶节点。拼大版节点是大量印前过程节点中的一个。

拼大版节点的资源驱动过程见表9-2。

表 9-2 拼大版节点的资源驱动过程

输入资源	过程	输出资源
Layout（版式）		
RunList（Document）运转表（文档）	Imposition（拼大版）	RunList（运转表）
RunList（Marks）运转表（标记）		

JDF 描述拼大版节点的继承树结构中，在 < JDF > 父辈单元（Parent Element）下包含三个子女单元（Child Element），即 "AuditPool" "ResourcePool" 和 "ResourceLinkPool"。这三个子女单元分别为稽核库、资源库和资源链接库。"AuditPool" 一般包含作者（Author）（可以是一个人或一个中介器）和时间戳（TimeStamp）。"ResourcePool" 中包含资源单元清单，它有四个派生（Descendent），即一个 "Layout" 资源和三个 "RunList" 资源，分别为版式资源和三个运转表。这四个资源对应于表9-2中的三个输入资源和一个输出资源。在 "ResourceLinkPool" 下面同样有四个派生，即一个 "LayoutLink" 资源和三个 "RunListLink" 资源。四个资源链接与资源库中的四个派生是一一对应的，清晰地描述了拼大版节点资源的输入与输出过程。T 资源的链接通过 < TLink rRef = " " Usage = " " / > 来定义。rRef 属性值为链接资源的 ID 属性值。

例程 9-19 的代码就展示了拼大版节点的总体文档结构。在拼大版节点的根节点属性中，"xmlns：SSi" 和 "xmlns：CPC" 定了两个私人的命名空间，也就是说，其命名空间内的元素和属性都是非 JDF 标准。

例程 9-19：

```
< JDF xmlns = "http://www. CIP4. org/JDFSchema_1_1" Type = "Imposition "
Status = "Waiting" Version = " 1.2 " ID = " AD3227D80-B648-11D9-B820-
000D9332D85A" JobID = "imp-1" xmlns:SSi = "//SSiJDFExtensions. xsd"
  xmlns:CPC = "http://www. creo. com/CPC/JDFExtensions. xsd" >
 <AuditPool >
  < Created Author = "Creo Preps Version 5.1" TimeStamp = " '2005-04-
```

```
26T19:46:28 +08:00"/>
    </AuditPool >
    <ResourcePool >
      <Layout ID = "AD3227DDA-B648-11D9-B820-000D9332D85A"  Class = "Pa-
rameter" Status = "Available >
        ...
      < RunList  ID = "AD3227DE4-B648-11D9-B820-000D9332D85A"  Class =
"Parameter"Status = "Available" PartIDKeys = "Run" >
        ...
      < RunList  ID = "AD3227DEE-B648-11D9-B820-000D9332D85A"  Class =
"Parameter"Status = "Available" PartIDKeys = "Run" >
        ...
      < RunList  ID = "AD3227DEF-B648-11D9-B820-000D9332D85A"  Class =
"Parameter"Status = "Unavailable" >
        ...
    </ResourcePool >
    <ResourceLinkPool >
      < LayoutLink  rRef = "AD3227DDA-B648-11D9-B820-000D9332D85A" Us-
age = "Input"/>
      < RunListLink  rRef = "AD3227DE4-B648-11D9-B820-000D9332D85A" Us-
age = "Input" ProcessUsage = "Document" / >
      < RunListLink  rRef = "AD3227DEE-B648-11D9-B820-000D9332D85A" Us-
age = "Input" ProcessUsage = "Marks" / >
      < RunListLink  rRef = "AD3227DEF-B648-11D9-B820-000D9332D85A" Us-
age = "Output" / >
    </ResourceLinkPool >
</JDF >
```

9.6.2 版式资源与运转表资源

拼大版节点涉及版式资源、运转表（文档）、运转表（标记）、运转表。它们都属于参数资源（Parameter Resource）。在例程 9-19 中可以看到各个资源都有一个 Class 属性，其属性值就是定义该资源属于哪类资源。在例程 9-20 中，其 Class 属性值均为"Parameter"，就是说明资源都为参数资源。在例程 9-19 中还可发现，每一资源都有一个 Status 属性，所取值"Available"或"Unavailable"显示出该资源的状态信息（可利用或不可利用），根据实际情况，JDF 还提供其他可选的 Status 属性值。为了使资源在 MIS 系统中能进行有效的管理，资源均有 ID 属性，以标识其唯一性。

例程 9-20 为版式资源。在版式资源中，每一书帖（Signature）依次定义为一个印张（Sheet）。每一印张又含有 Side 属性，可取值为"Front"（正面）或"Back"（反面）的两个印刷面（Surface）。对于每一个印刷面都需定义工作风格（WorkStyle）属性，取值可为"SW"或"SS"，取"SW"表示该印刷面为正反印刷，取"SS"表示该印刷面为自翻版印刷。

版式资源（Layout）的每个印刷面都会包含多个内容对象（ContentObject）或标记对象（MarkObject）。内容对象就是印刷页面内容，标记对象则是各种与印刷工艺有关的标记，如折页标记、裁切标记、打孔标记或彩色控制条等。在定义这些对象时，将涉及多种矩形框（如页面内容矩形框、成品矩形框和出血矩形框等）和各页面在版式中的具体定位。

对于涉及的多种矩形框在 JDF 中是用"a""b""c""d"来表示的。其中，a 为左下 X 坐标，b 为左下 Y 坐标，c 为右上 X 坐标，d 为右上 Y 坐标。如例程 9-20 中 Sheet 元素的属性 SurfaceContentsBox = " 0 0 3163.46457 2049.44882"。从该印张的内容框可以看出，印张的左下角就是印张上版式坐标系的坐标原点。其中，JDF 在定义长度的时候，其数值的单位是 Point，即 1/72in。

拼版的本质就是把各种内容放置到恰当的位置上，JDF 在定义各自的位置时应用到了当前变换矩阵（CTM），在 JDF 中，矩阵用"a b c d e f"来表示，其表示的变换矩阵为：

$$T = \begin{bmatrix} a & b & 0 \\ c & d & 0 \\ e & f & 1 \end{bmatrix}$$

理论上，在二维空间进行坐标变换时，使用 2×3 的矩阵就可以，但在实践中更普遍地是使用 3×3 的矩阵，因此，将 2×3 的矩阵加上"0 0 1"的第三列而成为一个 3×3 的矩阵。当利用 3×3 的矩阵进行坐标变换时，二维坐标 P（X，Y）表示为三维向量［X Y 1］进行计算。

在版式定义中，一般会用到的 CTM 是：

$$T = \begin{bmatrix} 1 & 0 & 0 \\ 0 & 1 & 0 \\ dx & dy & 1 \end{bmatrix}$$

该 CTM 是表示向 X 方向平移 dx，向 Y 方向平移 dy。如在例程 9-20 中的 CTM = "1 0 0 1 2166.519685 187.93701" 就表示该内容对象的左下角位于版式坐标系中的"2166.519685，187.93701"处。当然，它们的单位也是 Point。

例程 9-20：

```
    < Layout ID = "AD3227DDA-B648-11D9-B820-000D9332D85A Class = "Pa-
rameter"Status = "Available >
    < Signature SSi:PressRunNo = "1" >
    < Sheet Name = "Sheet-1" SurfaceContentsBox = "0 0 3163.46457
2049.44882" SSi:WorkStyle = "SW" >
        < Surface Side = "Front" SurfaceContentsBox = "0 0 3163.46457
2049.44882" SSi:Dimension = "2539.84252 1675.27559" SSi:MediaOrigin
 = "311.811025 187.086615  >

        ...

        < Surface Side = "Back" SurfaceContentsBox = "0 0 3163.46457
```

```
2049.44882" SSi:Dimension = "2539.84252 1675.27559" SSi:MediaOrigin
= "311.811025 187.086615" >
        ...
    </ Sheet >
    </ Signature >
    < Signature SSi:PressRunNo = "2" >
        < Sheet Name = "Sheet-2" SurfaceContentsBox = "0 0 3163.46457
2049.44882" SSi:WorkStyle = "SS " >
        < Surface Side = "Front" SurfaceContentsBox = "0 0 3163.46457
2049.44882" SSi:Dimension = "2539.84252 1675.27559" SSi:MediaOrigin
= "311.811025 187.086615" >
            <MarkObject CTM = "1 0 0 1 0 0" ClipBox = "0 0 3163.46457 2049.44882"
Ord = "0"/>
            < ContentObject CTM = "1 0 0 1 2166.519685 187.93701" TrimCTM
= "1 0 0 1 2202.519685 223.93701" TrimSize = "612.28346 792.28346" Clip-
Box = "2202.519685 215.43301 2823.307145 1024.72441" Ord = "0" SSi:
TrimBox = "0 0 612.28346 792.28346" SourceTrimBox = " 0 0 612.28346
792.28346"/ >
            < ContentObject ...Ord = "1"/ >
            < ContentObject ...Ord = "2"/ >
            ...
    </ Sheet >
    </ Signature >
</Layout >
```

版式资源中的内容对象和标记对象都含有一个 Ord 属性，它可以为每个版式中的对象提供一个标识，这将有助于在运转表资源中将页面内容置入到对应的位置，从而实现页面内容和标记内容的拼大版。

例程 9-21 为运转表（文档）资源。运转表（文档）资源是页面内容的结构清单，每个页面内容都定义在一个 RunList 中，且通过其 Run 属性的属性值来找到其在版式中的对应位置。例如，当例程 9-21 中页面内容的 Run = "0"，那么它在版式中的位置就应该是例程9-20中 Ord = "0" 内容对象（ContentObject）所在的位置。

JDF 是不能描述页面内容的，因此拼大版中的页面内容的文档需要用页面描述语言进行描述并单独地放于 JDF 文档的外部。为了让拼好的大版能找到这些页面内容，JDF 通过资源的外部链接（External Links）来实现。资源的外部链接用于将 JDF 的内部描述指向 JDF 文档外部的对象。链接采用统一资源定位器（Uniform Resource Locator，URL）来实现，如例程9-21 中的 " < FileSpec URL = "file：// Desktop /LUO1. PDF" MimeType = " application/pdf" / >"。当该 JDF 文档传递到控制器中进行执行时，控制器会到 URL 指定的地址处寻找需要的页面文档，然后再进行后续相关的操作。

运转表（标记）资源与运转表（文档）资源的定义方式类似，只不过 URL 链接的是标记文档。

例程 9-21：

```
<RunList ID = "AD3227DE4-B648-11D9-B820-000D9332D85A" Class = "Parameter" Status = "Available" PartIDKeys = "Run" >
   <RunList Run = "0" Pages = "0 ~0" >
    <LayoutElement >
      <FileSpec URL = "file:// Desktop /LUO1. PDF"MimeType = "application/pdf"/ >
         <CPC:PageInfo PageGeometryCTM = "1 0 0 1 -36 -36" PageTrim = "612 792"/ >
    </LayoutElement >
   </RunList >
   <RunList Run = "1" Pages = "0 ~0" >
    <LayoutElement >
      <FileSpec URL = "file:// Desktop / LUO1. PDF"MimeType = "application/pdf"/ >
         <CPC:PageInfo PageGeometryCTM = "1 0 0 1 -36 -36" PageTrim = "612 792"/ >
    </LayoutElement >
   </RunList >
   <RunList Run = "2" Pages = "0 ~0" >
    <LayoutElement >
      <FileSpec URL = "file:// Desktop/ LUO3. PDF"MimeType = "application/pdf"/ >
         <CPC :PageInfo PageGeometryCTM = "1 0 0 1 -36 -36" PageTrim = "612792"/ >
    </LayoutElement >
   </RunList >
   ...
 </RunList >
```

输出资源的运转表是印刷面在拼大版后形成的结构化列表。如果拼大版过程是 RIP 前的拼大版，那么该运转表将会是 RIP 中解释（Interpreting）处理过程的输入资源。如果拼大版过程是 RIP 后的拼大版，那么该运转表将会是数字印刷或出图（ImageSetting）处理过程的输入资源。JDF 中的出图处理过程含义丰富，它包含了照排过程或 CTP 出印版过程，甚至包含数字打印过程。例程 9-22 是输出资源的运转表的 JDF 定义。

例程 9-22：

```
<RunList ID = "AD3227DEF-B648-11D9-B820-000D9332D85A" Class = "Pa-
rameter" Status = "Unavailable" >
    <LayoutElement >
      <FileSpec URL = "file:///outputFile"/ >
    </LayoutElement >
</RunList >
```

第10章

基于JDF的计算机集成印刷系统

基于 JDF 的计算机集成印刷系统的实施是一个循序渐进的过程，也是一个不断完善的过程。本章将首先简述 CIPPS 的联网搭建方式——分散式和中央式，然后通过海德堡的 Prinect 解决方案来阐述中心式的实现。最后，通过两个实际的案例让读者对 CIPPS 的实施以及通过 CIPPS 集成优化后的印刷系统有更直观的认识和更深刻的理解。

10.1 联网结构的基础

CIPPS 的实施的首要基础工作是完成系统的数字化联网搭建。联网结构的高效性和可扩展性直接决定了一个联网项目是否能长期、持续地保持有效。联网的构架风格还决定了网络中各软件间相互协作的工作效率。因此，一个联网结构的基本要求是要具备对所有生产数据进行处理的能力，此外还需同时满足以下几点：

1）具有安全和可靠的数据传送与数据管理的规则。

2）能保证数据的安全性。

3）必须考虑到安全的数据传送、高速的运转以及迅速的响应。

4）能避免不必要的数据传送。

5）整个系统应该功能完备，可将来自不同厂商的产品（设备）顺畅地集成到一个工作流程中。

6）具有一个稳健的机制，以确保在发生问题的情况下不中断生产过程。

对于有序的生产可能还体现不出对上述条件的需求。但如果在下面的这种生产情况下就会很清晰地体会到上述条件的需求：在一特定的生产工作流程中，一个印刷作业需要三种印刷方式处理，其中两种印刷方式是在公司内部进行加工，第三种印刷方式是由一个外包商协作加工。印后加工是与这两条印刷生产线重叠进行的，也就是说，印后加工是在所有印张全部被印刷完之前就开始工作。由于交货期的原因，在一个突然的通知下启用第二条印后加工生产线，同时还需要在印刷开始后对计划进行修正。在这种复杂的情况下，如何使 JDF 保持高效地持续传输，这就需要一个满足上述条件的、合适的联网结构。

下面将对两种联网构架理论进行说明，同时还提供了一些目前市场上已有的解决方案。

印刷工业中的 JDF 虽然是一个全面的数据交换标准，但是 JDF 的说明书中并没有描述什么信息要在哪里提供，也没有描述谁有权在哪里可以使用和修改 JDF 信息。JDF 只定义了在一个基于 JDF 的联网系统中所需要的功能部件，即设备、设备驱动、代理和控制器。

（1）设备 一个物理装置或应用软件，它是接受代理的控制指令并执行特定加工过程的功能部件。

（2）设备驱动 解释从代理和控制器发送来的 JDF 信息，然后驱动设备工作。

（3）代理 具有读写 JDF 信息，即创建和修改 JDF 文档（节点）的功能。

（4）控制器 控制代理所创建的信息并发送到正确的驱动上。

在一个高级别的计算机集成印刷系统内，设备驱动、代理和控制器不仅要有处理 JDF 的能力，还应该提供 JMF 接口以实现双向的消息通信机制。

对于基于 JDF 的过程集成，这里有两种不同的联网构架方法：分散式的构架风格和中央式的构架风格。

在分散式的联网构架中（见图 10-1），JDF 文件从一个应用软件被发送到下一个应用软件中。JDF 可以通过相关的软件保存在一个文件系统或一个专门的数据库中。分散式的联网构架在 JDF 被有序地传送的情况下，其实现是相对比较容易的，并且不需要一个基于服务器的结构。然而，这里面会存在一些问题，如谁在什么时候有权修改 JDF 信息，以及如何保证工作流程中的所有成员都能利用到最新的 JDF 信息？另外，复杂的、重叠的处理过程不能可靠地被映射。

中央式的联网构架可更形象地称为卫星式联网构架，其主要特征是系统中各功能部分会围绕一个中央功能部件进行联网通信。根据中央功能部件的不同，中央式的联网构架可以分为"以 JDF 为中心的联网构架"（见图 10-2）和"以 MIS 为中心的联网构架"（见图 10-3）两种。

图 10-1 分散式的联网构架　　　　图 10-2 以 JDF 为中心的联网构架

在以 JDF 为中心的联网构架中，所有的 JDF 信息都存放在一个由服务器来管理的位于中央的数据库中。数据库里含有不同的机制来进行专业的数据管理。这些机制包括：一个 JDF 文件可被工作流程中的多个参与者同时访问的机制；对半成品的可靠处理机制；对失败事务的处理机制；在运行过程中的数据复制和文件备份的机制。在服务器中，JDF 文件可以被应用软件选择出其中的一部分，然后进行更改或扩充操作，最后又把这部分 JDF 文件放回到原始的 JDF 文件中。这种中央式的 JDF 存储和管理方法与分散式的联网构架相比，具有以下五点优势：

1）JDF 文件可持续地受到监视。

2）可以对 JDF 文件中的子部分进行良好的写入与读出操作。

3）针对谁在什么时候可以对 JDF 树中特定的部分进行定义操作规定了清晰的规则。

4）可以对 JDF 文件进行"一致性"检测（如检测输入文件的正确性、JDF 文件是否规范）。

5）更好地维护环境。

图 10-3 以 MIS 为中心的联网构架

在以 MIS 为中心的联网构架中，"作业管理系统"或 MIS 系统将直接担任起过程控制器的角色。因为作业管理系统或 MIS 系统可以控制全部的作业进程，相当好地完成了过程控制器的任务。

中央式的联网构架将会在运行的可靠性方面显现出巨大的优势。如果要实施一个中央式的联网构架，则非常重要的一项工作就是决定使用哪个供应商的中央服务器，因为中央服务器在联网构架中扮演了最为主要的角色。

10.2 海德堡的 Prinect 的联网结构

海德堡的 Prinect 是"以 JDF 为中心的联网构架"的 CIPPS 实施典型案例。Prinect 的一体化解决方案覆盖了印刷生产的整个流程，它提供了一系列的应用软件来构建一个"终端到终端"（end to end）的贯穿整个生产过程的网络结构。本节将重点分析 Prinect 解决方案中的联网结构。

10.2.1 Prinect 解决方案中的总体结构

Prinect 解决方案中的一系列应用软件最早是通过 PPF 接口来实现软件间的相互连接与通信。目前，这些应用软件以及海德堡的设备都发展为拥有 JDF 接口的产品。为了使网络中处理过程的可靠性、柔性和透明性得到最优化，Prinect 解决方案采用了以 JDF 为中心的联网构架，并实现了 JDF 文件的存储、分裂和合并。

Prinect 解决方案中应用软件及设备在网络中的布局如图 10-4 所示。从功能上看，整个网络可以分为三层：应用软件层、中央服务层和 JDF 处理层。

在图 10-4 中，应用软件层的应用软件包含订单管理系统（或 MIS 系统）、印前工作流程和生产计划系统，应用软件层的主要功能是编辑 JDF 文件、修改和读取 JDF 文件。主 JDF 文件（Master JDF）则在中央服务层中被存储和管理。最后，JDF 处理层可摘取包含在 JDF 文件中的指令，并转换到生产的处理过程中。生产过程在被全部或部分执行完后，其执行结果将反馈到中央服务层。

10.2.2 Prinect 的应用软件层

在应用软件层中，最重要的三个软件是 Prinect Prinance、Prinect Data Control 和 Prinect

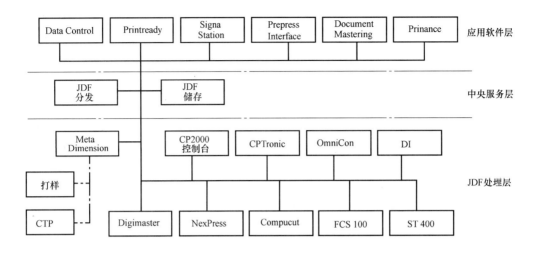

图 10-4　Prinect 解决方案中应用软件及设备在网络中的布局

Printready System。

　　"Prinect Prinance"是一个 MIS 系统，具有订单管理的能力，"Prinect Data Control"是一个生产计划系统，"Prinect Printready System"则是一个印前工作流程。

　　"Prinect Prinance"的接口可以通过集成在"Prinect Printready System"中的"Prinect Integration Layer"（PIL）使得作业数据对于生产的处理过程是可用的。如果其所连接的是一个完整的生产过程，那么 Prinance 将通过 PIL 来访问 JDF 文件中的 AuditPool 元素（稽核池），并将它里面的信息用于实际成本核算和作业估价。

　　"Prinect Printready System"是一个以 JDF 作为其内部数据格式的、基于文件的印前工作流程。由于使用 PIL，"Prinect Printready System"又可被视为 MIS 系统和中央服务层间的界面。由"Prinect MetaDimension"控制的印版曝光机（晒版机）使用 JMF 向"Prinect Printready System"发送它们当前的状态（如剩余时间、印版的可用性），这样就能实现每个工作站的"透明性"。在印前工作流程中已经添加了生产数据的 JDF 数据会被传送到中央服务层中，从而实现数据的中央式存储和管理。

　　"Prinect Data Control"作为生产计划系统，它组合了从印前和 MIS 的数据流，同时还将这些数据传送到印刷和印后加工的设备上，并且它还能控制来自这些设备的实时数据。尽管"Prinect Data Control"具有这些组合功能，但是它不应该与中央式的 JDF 服务器混淆，因为"Prinect Data Control"不能中央式地管理 JDF，更确切地说，它只能转换和传送 JDF。

10.2.3　Prinect 的中央服务层

　　中央服务层在 Prinect 的构架中是一个非常核心的部分。在这层里，JDF 数据得到了保存，同时又可被发送给各个不同的 JDF 处理过程。中央服务层的实现形式是一个数据库支持的印刷车间服务器，该服务器用于将生产资源集成到 JDF 工作流程中。组成中央服务层的两个部分是 JDF 的存储器和 JDF 的发送器。

　　在 JDF 的存储器中，主 JDF 数据被保存、完善和修正。JDF 文件的部分可以被应用软件摘取出来，并实现修改或扩充操作，然后再存回去。当因应用软件层存在不正确的输入或某

JDF 文件不符合 CIP4 的标准而发生错误时，那么一个"一致性"检测（如检测输入的正确性、JDF 文件是否规范）可有效地保证工作流程仍然处于正确的运行状态，同时发出一个报错消息（如显示报错的原因、在什么地方出错）来帮助这个传递问题的解决。JDF 的发送器则负责把正确的 JDF 节点分配到正确的处理过程中。

此外，对于支持 JMF 通信的生产系统来说，中央服务层还应能从集成的生产系统中收集 JMF 消息，并将这些消息发给 MIS 系统进行分析与处理。

10.2.4 Prinect 的 JDF 处理层

JDF 处理层是由一系列拥有 JDF 接口的设备组成。JDF 处理层可实现与中央服务层的通信，并能通过 HTTP 发送 JMF 信息给各个不同的应用软件。JDF 处理层中单个设备的 JDF 接口如图 10-5 所示。

图 10-5　单个设备的 JDF 接口

下面将重点分析以下两个 JDF 处理器：

- Prinect CP2000 控制台（速霸系列印刷机的控制台）。
- Prinect FCS 100（折页和骑马订的控制台）。

Prinect CP2000 控制台从中央服务层的印刷车间服务器中以 JDF 的子文件形式获得作业和机械设备的预设数据。其具体操作过程首先是 JDF 处理器发出请求，然后服务器响应请求并对作业的相关部分进行分裂操作，进而从 JDF 文件中摘取出这部分信息作为 JDF 子文件，然后将该 JDF 子文件发送到 JDF 处理器上。这个 JDF 子文件包含了该生产阶段所需的所有作业和机械设备的预设数据。该机械设备可以通过传送过来的这些数据进行预设。另外，中央控制台可以访问不断更新的电子作业传票。在加工处理过程中，关于生产的当前状态可以通过 JMF 消息反馈给中央服务层。最后，在该印刷阶段的处理过程会在相关节点的"AuditPool"元素中进行记录。

Prinect FCS 100 是一个印后通信模块，折页和骑马订的设备预设数据是通过"Compufold"和"Compustitch"来接收的。同样，关于生产的当前状态可以通过 JMF 消息反馈给中央服务层，处理过程会在相关节点的"AuditPool"元素中进行记录。

10.3 PrintCity 联盟

PrintCity（印刷城）是 JDF 创始者 MAN Roland 和 Agfa 联合了印刷传媒工业中的 40 多个独立公司组成的一个战略联盟，它是 CIP4 组织的成员。PrintCity 的合作伙伴携手合作，致力于在包装印刷、商业印刷和出版印刷等领域以一个开放式的系统架构方法获得完整且可靠的工作流程，并积极示范这些可行的解决方案。PrintCity 作为各成员间的一个交流平台来对他们的各自意图进行沟通，从而确保工作流程中各组件间的接口是完全可靠的。在 Drupa 2004 上，PrintCity 已向公众展示了使用 JDF 将其成员产品集成的五个非常复杂的印刷生产车间。

目前，PrintCity 的开放式系统架构方法体系里暂时还不包含中央式的构架方法，但个别的生产厂商已经能够开发出自己的中央式的结构。PrintCity 已经向市场推出了具有不同的联网架构的解决方法。在各种各样的解决方法中，一些应用软件已经发展成为 PrintCity 概念中非常基础性的产品，这些应用软件包括：

- Optimus 2020（订单管理系统）。
- Delano（来自 Agfa 的项目管理软件）。
- ApogeeX（来自 Agfa 的印前工作流程）。

Optimus 2020 是 Optichrome Computer Systems 有限公司开发的订单管理系统，它集成了 MAN Roland 多年的联网经验。目前已经具备的以下的 JDF/JMF 接口：

1）利用关键的生产细节进行 JDF 作业描述。

2）为订单的跟踪和实际成本核算提供了带有当前信息的 JMF 消息。

Delano 是一个基于 Web 的项目管理软件，它为出版商和印刷服务提供商提供了一个公司间协作的沟通平台。Delano 提供了两个版本供用户选用：Delano Publish 和 Delano Production。Delano Publish 支持纸质印刷的顾客通过 Internet 进行在线地校对、定稿、作业分发、内容数据的签样等操作。项目中的所有相关人员的操作都可以被跟踪。Delano Production 是来自 Agfa 的生产计划系统，它可用于所有生产的处理过程的计划和管理。总的来说，Delano 还具有以下功能：

1）Delano 可以通过 JDF 与订单管理系统进行通信。

2）Delano 可以为 ApogeeX 编写 JDF 格式的作业传票，且还能为其他的基于 PDF 的印前工作流程提供 JDF 接口。

3）Delano 可以以恰当的顺序为印刷作业的处理提供资源链接。

来自 Agfa 的 ApogeeX 具有高效而广泛的作业传票功能。例如，从 Delano 中取得一个 JDF 文件，也可以从数据库中选择一个作业传票模板（JDF 模板）来生产一个新的 JDF 文件。ApogeeX 接收的输入数据可包含作业的 JDF 描述、关于作业执行顺序的 JDF 数据、涉及印版生产的 JDF 作业描述和从 RIP 中反馈的关于印版曝光机和打样机的当前状态的 JMF 消息。ApogeeX 的输出数据将包含 JDF 作业、JDF 预设数据和关于作业执行顺序的 JDF 数据。

PrintCity 的生产厂商们为了让他们的机械设备能集成，开发了不同复杂程度的兼容 JDF 的设备驱动。其中，MAN Roland 的 PECOM 系统是比较复杂的控制平台。PECOM 系统主要作为 MAN Roland 印刷机的过程控制和设备预设操作，但就目前已有的平台而言，PECOM

系统还不能作为中央式服务器。PECOM 可以接收来自订单系统的 JDF 作业和作业执行顺序的 JDF 数据。PECOM 在利用传来的 JDF 作业数据进行设备预设前，首先会对该 JDF 数据进行检测以确认是否适合该印刷处理。运行过程中的设备数据会被记录下来并转成 JMF 消息。这些 JMF 消息可在生产计划系统中被用于生产效果的评估，同时也可在订单管理系统中使用这些 JMF 消息。

10.4 NGP 联盟

网络化印刷方案（Networked Graphic Production，NGP）是由 Creo 牵头的一个战略联盟，其成员全都是 CIP4 的成员。其中，Creo、KBA、Komori、Hiflex 和 Xerox 是其主要成员。NGP 致力于采用 JDF 规范来实现自动化、智能化、协同工作的流程系统。

NGP 的目标是制定一个 JDF 的子集，NGP 认为 JDF 标准太复杂了，要完全实现 JDF 规范代价很大，因此，制定一个 JDF 子集能够使众多厂商尽快实现，并达到自动化协同工作的目标。这个子集的定义原则是选取在印刷生命周期内各个环节最重要、最关键的特性和参数，而忽略其他次要部分，达到简化实现的效果。如果大家都遵从这个子集，则能够实现自动化和互操作。

目前，NGP 合作伙伴将其产品进行联网的解决方案还基本采用分散式的联网架构。NGP 主动为 NGP 的成员和他们的顾客提供解决方案的测试机会，即将他们的解决方案与其他的合作伙伴的产品进行联网测试。为了合作伙伴能够更容易地实施 JDF，NGP 建议将联网结构的联网水平分为以下两个级别：

1）级别1——作业传票是单向地从订单管理系统传送给生产部门。

2）级别2——订单管理系统与生产部门间的通信是双向的，即是生产部门在接收订单管理系统发来的 JDF 作业后，其生产状态、生产结果能够自动、实时地反馈给订单管理系统。

10.5 JDF 集成案例

CIP4 国际印刷生产革新奖（CIP4 International Print Production Innovation，CIPPI）是 CIP4 组织于 2005 年开始为奖励在全球范围内最为成功的 JDF 集成案例而创立的顶级奖项。CIPPI 奖设置以下三个奖项：

1）在实现工艺过程自动化的进程中具有最大的技术革新。

2）在自动化实施进程中实现了最佳的投资回报率。

3）作为过程自动化的成果在效率和客户响应方面具有巨大的进步。

通过分析 CIPPI 奖的集成案例，不仅可以了解如何去构建一个富有效率的计算机集成印刷系统，而且可以更深刻地理解 CIPPS 如何对印刷工业和印刷本质进行改造。下面将分别介绍两个 CIPPS 集成案例，一个是对本企业内的印刷设备进行集成优化，一个是实现企业间生产资源的集成优化。

10.5.1 企业内的印刷设备集成优化案例

本案例是 CIPPI 中"在自动化实施进程中实现了最佳的投资回报率"的获奖案例。在该案例中，该集成优化项目历时两年多，用于实现企业内印刷系统的设备集成优化。下面将从项目的实施过程来对案例进行介绍。

1. 项目执行前的工作流程环境和条件

Yamazen 公司集成优化前引进有海德堡的 RIP 和 CTP，并把生产完全地转变为基于 CTP 的印前制版。根据业务的需要，他们装配了不同的海德堡印刷设备，如 SM 74-8P、SM 102-4、MOV 和两台 GTO 来满足所有种类的印刷需求（如名片、传单、小开本书、小册子、表格、活页小册、招贴和目录册等）。承接的卷筒纸胶印业务则进行外包生产，转交业务方式为胶片。

Yamazen 在集成优化前的工作流程结构如图 10-6 所示。办公自动化系统把作业文件发送给数字拼版中心进行拼版处理，然后用 Delta 印前服务器进行 RIP 处理后将数据传递给 CTP 进行印版生产。同时，Delta 印前服务器生成的 PPF 数据经过海德堡的印前接口（Prepress Interface）以脱机交换方式（如存储卡）传递给相关的印刷设备。印刷设备利用 PPF 提供的生产控制信息，快速进行设备预设并进入正常的工作状态，生产出合格的印刷品。

2. 问题分析与解决计划

如上所述，该印刷系统引入了很多不同类型的印刷机来满足客户的需求，但这种生产环境存在优劣两面性：一方面，这样可以相当柔性地满足客户的需求；另一方面，由于生产作业呈现出的复杂性将会扰乱有效的生产，同样也难于精确地获得作业的成本信息。在外包业务中，可能存在胶片输出的费用。

图 10-6 2005 年前的工作流程

针对这些问题，他们希望在没有操作人员的干涉下通过以下措施简化复杂的生产过程和尽量减少总的生产时间和花费。总的来说，执行集成优化后想达到的目标如下

1）在操作人员较少的干涉下获得精确和详细的作业跟踪数据。

2）降低外包业务中卷筒胶印中胶片的费用，目标为 0%。

3）降低生产控制时间，实现非生产的间接工作减少 30%。

4）降低印刷的准备时间但保持高的印刷质量。

5）减少印前阶段的时间和人力。

为实现以上的集成优化目标，计划采用的实施方法如下：

1）通过数字化消除胶片费用。计划于在集成优化阶段引入 PDF 工作流程，转交外包业务的方式改变为 TIFF 数据，彻底省去胶片输出费用。

2）专注于彩色印刷业务。公司内部专注于高利润的彩色印刷业务，其他印刷业务则转包给其他的印刷公司，以此来消除复杂的生产管理所带来的人力费用。

3）引入 MIS。为了有效地对作业信息进行管理，计划引入 MIS 来获得并管理不同的数据。在生产期间通过调节生产节奏来消除重叠的作业，实现高的生产效率。

4）获取更多的精确数据。为了精确地获得设备的工作数据，每一个操作者不得不每天做一个详细的生产报告，但这会消耗操作者很多的时间。另外，这样收集的数据不仅可能不正确，而且人工输入对管理是无益的。收集更加精确的数据对于管理是非常重要的，因此计划在增加较少的人力的情况下获得更加精确的每日报告。

3. 项目实施简介

在项目实施之前，首先要从生产执行和是否兼容 JDF 的角度出发，选择一套自动化产品进行集成化的生产系统的组建。他们选择工作流程时考虑的首要条件有如下几点：

1）具有兼容 JDF 能力的系统并在未来 JDF 可以被扩展。

2）作业管理和色彩管理工作流程具有高级别的自动化和集成。

3）能够容易地处理现有数据（DeltaList 文件）。

4）系统基于当前的形势，并在未来具有进一步成长的潜能。

5）降低成本的同时，要实现局部自动化和实现节约生产全过程中的间接人力。

6）对于印前和印刷集成，使其成为一个带有高质量色彩管理的高效生产系统。

7）MIS 要能兼容 JDF。

8）MIS 系统能够容易地响应客户的特殊需求。

通过技术分析，项目选择了海德堡的 Prinect Printready System（印前准备模块）和 Prinect Meta Dimension（含有 RIP 的整套 PDF 工作流程）、Prinect SignaStation（拼版软件）和 Tosbac Hidariuchiwa（MIS）。通过上述的软件产品，技术人员建立起一个经济的、能够满足项目集成优化所有需求的集成化印刷系统。

4. 项目实施细节和带来的重要改进

第一阶段：历时 9 个月。

主要优化工作：引入 MIS，清理主数据，设置作业信息输入，激活系统的操作环境。

获得的重要改进：完成主数据从遗留系统中转换到新的 MIS 中，开始运行测试。

第二阶段：历时两个月。

主要优化工作：①从当前的工作流程转换到新的工作流程；②校准 CTP 版的输出曲线；③操作人员培训。

获得的重要改进：通过激活 Printready 和 SignaStation 中的"预飞"功能，操作人员可以在输出前获得正确的数据，节约了很多由于错误带来的时间浪费与人力浪费。

第三阶段：历时 3 个月。

主要优化工作：实现在 MIS 中进行生产控制，以及发送作业传票给 PrintReady 和 CP2000。

获得的重要改进：进一步维护 MIS 的主数据。开始在 MIS 中管理生产过程，实现发送作业传票给 Printready 和 CP2000，以及在 MIS 中获得作业传票。

第四阶段：历时 3 个月。

主要优化工作：①开始印刷色彩管理和设置车间印刷的标准化参数；②开始 RGB 工作流程和宽色域颜色复制（使用 4 种颜色印刷，但比传统印刷的色域要宽）。

获得的重要改进：成功地实施了 RGB 工作流程和宽色域颜色复制，在客户和终端用户中确立了他们的新位置。

第五阶段：历时 41 个月（进行中）。

主要优化工作：①基于 JDF 对所有的生产过程进行集成；②自动化的 CTP 工作流程；③完全集成的生产管理；④色彩解决方案（印刷和印后的闭环的色彩管理过程）。

获得的重要改进：向预定方向靠近。

5. 集成优化后的印刷系统

经过基于 JDF 的集成优化后，得到的印刷系统结构如图 10-7 所示。整个印刷系统是一个基于 JDF 联网的系统。Hidariuchiwa（MIS）管理和控制印刷生产，根据作业任务对印刷机进行调度，然后将调度数据发送给 CP2000 进行印刷机控制，同时 Hidariuchiwa 可以实时监视印刷机的工作情况。Hidariuchiwa 把作业文件发送给 PrintReady 和 SignaStation 进行基于 PDF 的印前数据处理，然后将数字印版数据传递给 CTP 制版机进行印版生产。同时，Print-Ready 生成的 JDF 数据经过海德堡的印前接口（Prepress Interface）通过网络化的联机交换方式传递到相关的印刷设备上。印刷设备利用基于 JDF 的生产控制信息进行快速预设并进入正常的工作状态，生产出合格的印刷品。

集成优化后印刷系统呈现出的主要优点如下：

1）使用基于 PDF/JDF 的印前工作流程，他们的工作效率达到了从未有过的新的高度。在以前的系统中，使用 Delta 技术只能看到 Ripping 的结果，现在 Printready 可以看到任何地方的所有结果，它提高了生产的透明度。在数据管理方面，Printready 使得对每个作业的管理变得容易，如寻找以前的作业。

2）在新系统里，Printready 和 SignaStation 是集成的，制作 PDF 页面和拼版相互独立，由此可大大节省由于错误带来的成本浪费。

3）新的系统使用了 Heidelberg 公司的"MataDimension Calibration Manager"软件实现了印制过程中油墨网点扩大的校准。

图 10-7　集成优化后的印刷系统

4）在 MIS 中，利用印刷车间实时提交来的真实工作状态，实现了对每一印刷设备的即时调度，工作不再凌乱。办公室与车间来往的运动显著降低，甚至操作工能够方便地获得一个自动生成的、详细的生产报告，不再需要手写报告。这让操作工专注于它们的生产和提高业绩。

6. 案例点评

从本案例的优化过程可以看出，在对印刷系统进行集成优化的过程中，经营战略和管理方式的转变是确定集成优化目标的核心决策驱动力点，信息技术的引入是项目实施的关键。同时，从项目的时间跨度上可以看出，集成优化的过程不是一蹴而就，而是需要持续改进。

并且，项目的结束只是集成优化的一个阶段的结束，要达到理想集成，还需要不断地持续优化。

10.5.2 企业间生产资源的集成优化案例

本案例是CIPPI中"在实现工艺过程自动化的进程中具有最大的技术革新"的获奖案例。在本案例中实现了两个印刷生产企业和顾客三者间的生产集成优化，其集成水平达到了"企业集成"的部分优化。下面将从项目的实施过程来对案例进行介绍。

1. 项目执行前的工作流程环境和条件

德国的Druckhaus Berlin-Mitte GmbH（DBM）是一家能够提供完整印刷服务（从咨询到成品，还可根据客户的要求进行精确的派送服务）的公司。在实施这个集成项目之前，他们就开始实施JDF集成。他们已实现将Hiflex MIS和MAN Roland、Kodak的Prinergy印前工作流程和KBA的印刷设备完全集成到JDF网络中。相对于DBM内部的标准化和高自动化的印刷生产系统，在"印刷获取"上却缺乏一个协调的工作流程。问题主要体现在"询价请求"（Request For Quote，RFQ）上，具体情况有以下几个方面：

- 通过电子邮件、邮寄或传真的方式接收客户的RFQ，然后由负责订单的职员将顾客数据（如客户的姓名，地址，联络人，交货期限等）和技术说明（如产品类型，尺寸，色彩，纸张，印后加工的类型等）输入到Hiflex MIS中，最后产生报价。

- 该报价要么从Hiflex中直接通过电子邮件或传真方式发给顾客，要么打印出来并邮寄顾客。

- 当需要订购外包服务（如在印后加工及印刷服务领域）时，生成一个包含产品规格和技术参数的RFQ。通常是将这份RFQ根据不同厂商（外包服务提供商）分别制作成个性化版本发送到多个厂商，最终获得多个供选择的报价。

- 当这些厂商接收到关于外包业务的RFQ后，为了生成报价，又不得不再次将顾客数据（如客户的姓名，地址，联络人，交货期限等）和技术说明（如产品类型，尺寸，色彩，纸张，印后加工的类型等）输入到他们的管理系统中。

- 通过研究发现，外包服务提供商的大部分时间都用在研究和打电话上，以决定是否提供某一服务。

- 通过电子邮件、邮寄或传真的方式接收到报价回复后，需要对它们进行分别处理。这里既没有一个标准，也没有一个工具可以自动地对这些报价进行比较。

- 一些补充信息（如随后的疑问，其他的看法，进入谈判）同样没有一个标准的样式。与合适的外包服务提供商进行通信不是使用电子邮件就是通过电话。因此这种传递信息的方式是一个耗费时间和金钱的处理过程。

- 当对报价进行评估时，由于从不同外包服务提供商发来的报价从来没有一致的结构，感觉是在比较"苹果"与"橘子"。由于书写报价的个人习惯，往往不能以一个清晰和简明的方式提供一切必要的资料，因此使得评估过程成为一个费力费时的过程。

- 接收订单是通过电子邮件、邮寄或传真的方式。

- 如果时间允许，被拒绝的报价通过电话或电子邮件来通报，这涉及操作人员的时间和精力。

- 通信以异步的方式发生。由于非自动的对外通信方法（如提供的电子邮件自动确认方式）不能确定是否（以及何时）文件已收到，因此导致计划的不方便。

2. 现有问题的分析与问题解决计划

对 DBM 来说，早期的 JDF 集成项目已经使得内部生产高度自动化，并实现了非常高的生产力增长，DBM 的生产力"瓶颈"已经不再是印刷生产本身。DBM 挖掘潜在的生产能力，应该是优化对外通信方式，也就是与印刷顾客、印刷产品管理员或协调员、外包服务提供商和纸张供应商间的通信。

DBM 每年要处理大约 10000 个来自印刷顾客的或发给供应商（或外包服务提供商）的请求。为了高效率地获得印刷订单以及更好的低成本的对外通信方式（如商议、对不同报价的评估、获取订单和跟踪订单等），他们需要一个合适的解决方案，该方案要能优化与印刷生产过程相关的所有成员间的界面。

因此，他们集成优化的精确目标是：缩短在订单确定之前的所有通信过程所耗费的时间。

3. 项目实施简介

由于内部生产系统利用 JDF 实现了高自动化，因此他们认为 JDF 技术同样可以让对外通信过程实现高自动化。所以唯一需要做的就是与一个以前成功为他们实现 JDF 项目的厂商来讨论这个项目。DBM 考虑到应该依赖于一个充分理解 JDF 的合作伙伴，所以最终选择了 Hiflex 来讨论他们的目标。在项目的讨论过程中产生了开发一个工具的想法，希望利用该工具能够实现自动的且基于 JDF 的"印刷获取"过程。

4. 项目实施细节和带来的重要改进

Hiflex 为该项目开发了兼容 JDF 的自动化工具，名为"Hiflex Print Support"，它的功能定位是：在印刷工业中兼容 JDF 的且基于 Web 的"获取"工具。该工具不仅能优化印刷商、他们的客户和供应商形成的确定团体间的非常特别的工作流程，而且，所有的合作伙伴（购买方和供应方）在"获取"过程方面也能通过"Hiflex Print Support"获得好处。

为了能实现这个目标，开发"Hiflex Print Support"的性能需要与经验丰富的印刷工业用户保持密切的合作。在"Hiflex Print Support"开发初期，Hiflex 确定了一个含有两组人员的顾问部。顾问部的其中一组是 5 个印刷企业（含有 DBM），另一组是 5 个具有非常强的印刷产品购买力的印刷服务购买客户。

最终开发出的"Hiflex Print Support"可以在由它发出的报价请求和订单内都附加上 JDF 文件；该 JDF 文件包含了管理数据（如客户的名字、产品的名字等）和产品详细说明（如产品类型、尺寸、颜色、数量、交货期等）。并且，"Hiflex Print Support"能够集成到一些 MIS 系统中，如 Hiflex 就能对自己的 MIS 系统的 JDF 文件入口进行功能升级。因此，DBM 能够以 JDF 文件的形式将 RFQ 输入到使用的 Hiflex MIS 中。

由于"Hiflex Print Support"高度优化了销售和获取印刷服务的商业过程和通信过程，使得 DBM 可以轻松地处理报价和顾客的 RFQ。因此，"Hiflex Print Support"将 DBM 和它们的顾客及供应商高效地连接起来，同时还将报价请求、订单处理、印刷作业的管理集成到一个单一的互联网平台。

当前，DBM 正通过"Hiflex Print Support"将自己与他们的顾客和供应商连成"印刷服务网络"。其典型的"印刷服务网络"包含三个公司（DBM、Gutenberg（印刷顾客）和 WGO（外包服务提供商））。其印刷获取过程是：首先，DBM 接收来自 Gutenberg 的关于海报的 RFQ。Gutenberg 的 RFQ 包含两类海报作业："海报 1"是用 115g 的纸张印刷，"海报 2"是用 500g 的卡纸印刷，且两者的印量为 650 或 800。"海报 2"涉及卡纸印刷服务，DBM 一般都将它作为外包服务转给精于包装印刷的 WGO。因此，DBM 要向 WGO 发送一个关于"海报 2"的 RFQ，并随后获得 WGO 的报价。WGO 的报价最终将被汇总到 DBM 给 Gutenberg 的完整的报价单中。

5. 目前得到的工作流程

图 10-8 所示是实施集成项目以后的印刷获取工作流程。图中实线是报价请求处理过程，虚线是订单处理过程。图中带数字的过程分别是：

① DBM 通过 "Hiflex Print Support" 的 Web 平台接收 RFQ。该入口能轻松地处理报价和印刷顾客的 RFQ。目前，Gutenberg 向 DBM 发送报价请求的过程包含以下几个步骤：

* 通过登录进入 "Hiflex Print Support" 系统。

* 定义印刷作业的"基本数据"（如标题、产品类型等）"细节数据"（如印量、交货期）和"技术说明"。"技术说明"可以手工输入、通过复制/粘贴或使用 "Hiflex Print Support" 内部数据库提供的关于印刷和印后的"技术说明"模板。此外，Gutenberg 还可以使用他们自己数据库中的"技术说明"。

* 每个 "Hiflex Print Support" 使用者可根据自己的需求建立单独的印刷服务提供商数据库。根据有关要求（产品类型）和 Gutenberg 的单独的印刷服务提供商数据库，"Hiflex Print Support" 会自动提示作业的合适印刷服务提供商。然后，他们就可以选择自己感兴趣的厂商，"Hiflex Print Support" 能轻松地获取所有印刷服务提供商的关于能力方面的所有已知信息。

图 10-8　技术革新后的印刷获取工作流程

② 在定义好印刷作业后，Gutenberg 只需单击按钮就可将 RFQ 发送给已选择的印刷服务提供商（DBM 和其他潜在的厂商）。他们还可以附加上其他的文档，如印刷文件的预览图。该系统能够自动生成一个带有 JDF 附件的报价请求的电子邮件，这个 JDF 附件包含了管理数据（客户数据）和技术数据（产品详细说明）。Gutenberg 在发出该 RFQ 电子邮件时，"Hiflex Print Support" 会自动地在邮件中生成两个链接。在 DBM 通过电子邮件接收 Gutenberg 的 RFQ（加上 JDF 附件）邮件后，邮件中的这两个链接中的一个可以进入报价的 Web 平台，另一个则取消。

③ 将 RFQ 的 JDF 附件输入到 DBM 的 Hiflex MIS 系统中，从而使作业数据在 Hiflex MIS 系统中直接可用，减少了人工数据输入。由于 Gutenberg 的 RFQ 包含两类不同纸张的海报需求，因此 DBM 将分别提供这两类需求的报价。

④ 在 DBM 的 Hiflex MIS 中可以对 Gutenberg 的 RFQ 中的 "海报 1" 进行估价。

⑤ Gutenberg 的 RFQ 中的 "海报 2" 则输出到 "Hiflex Print Support" 中。

⑥ 在 "Hiflex Print Support" 中自动生成 "海报 2" 的作业信息。

⑦ 印刷作业（"海报 2"）在 "Hiflex Print Support" 中被输出和核对后，DBM 只需单击按钮将这个估价请求发送给他们的外包服务提供商（WGO）。同样，系统会自动地在邮件中生成一个包含管理数据和技术数据的 JDF 附件。此外，电子邮件还自动生产两个链接，一个是可以进入 "Hiflex Print Support" 中的报价平台，另一个是由 WGO 来拒绝该 RFQ。

⑧ WGO 通过 "Hiflex Print Support"（电子邮件和 JDF）接收到 DBM 的 RFQ，该 JDF 文件包含了 "客户数据" 和 "产品详细说明"。然后，WGO 将 JDF 数据直接输入到他们的 Hiflex MIS 系统中，使得报价所需的数据直接在 Hiflex MIS 中可用，减少了人工输入。

⑨ "产品详细说明" 输入到估价功能模块 Hiflex Estimate 后，"海报 2" 的两个印量（650 和 800）的报价可以在 Hiflex MIS 中生成。该过程只需向 Hiflex Estimate 中输入很少的信息。

⑩ WGO 将 "海报 2" 的报价通过 "Hiflex Print Support" 发送给 DBM。WGO 使用 DBM 的 RFQ 电子邮件直接跳转到 "Hiflex Print Support" 的链接，在 Hiflex 中自动生成的两个印量的价格将同时转录到 "Hiflex Print Support" 中。一旦 WGO 将报价加入完毕，DBM 就能立刻收到 WGO 转发过来的含有报价的电子邮件。该邮件包含的详细信息有：RFQ 的编号和标题、需要报价的个人和公司、每个印量的总价格/每张的价格/每 1000 张的价格。另外，还加入一些注释。

⑪ DBM 可以将 WGO 通过 "Hiflex Print Support" 发来的 "海报 2" 的报价和 "海报 1" 的报价整合到一个报价单中。因此，被 Hiflex MIS 管理的这个完整的报价单包含了 "海报 2" 和 "海报 1" 的报价。

⑫ 现在，DBM 可以发送这个完整的报价单给 "Hiflex Print Support"（使用 Gutenberg 中的 RFQ 电子邮件提供的链接）。"Hiflex Print Support" 自动生成一个包含报价的电子邮件给 Gutenberg，同时还可以生成一个电子邮件来感谢 Gutenberg 接收 DBM 的报价。

⑬ Gutenberg 通过 "Hiflex Print Support" 在 "Execution（Workflow）" 的窗口里查看报价后，可以单击其中的 "Order" 按钮进入订单生成过程并发送给选择的印刷服务提供商。Gutenberg 在把所有的海报作业分派给 DBM 时，DBM 会接收到在 "Hiflex Print Support" 中自动生成的、含有完整订单的电子邮件（如 "海报 1" 和 "海报 2" 各 800 份）。该订单同

样包含了订单信息的 JDF 附件。

⑭ DBM 在 Hiflex MIS 中将报价转换到订单中，并且这个报价发展成一个激活的作业。如果 DBM 获得一个没有报价的订单（也就是说缺少基本数据），则 DBM 可以使用 JDF 附件在 Hiflex MIS 创建这个订单。

⑮ DBM 现在可以将 JDF 作业数据（最初接收到的由印刷顾客通过"Hiflex Print Support"生成的 JDF 附件）应用到后续的生产系统中。首先，订单经输入到 Hiflex 中后，Kodak Prinergy 就可通过 JDF 自动创建一个作业。Prinergy 接收到相关的管理数据和技术数据。一旦作业准备印刷，JDF 作业数据就通过 JDF 发送到 DBM 的 MAN Roland 的 Printnet 系统中。所有联网的生产系统都在生产时通过 JMF 将信息反馈给 Hiflex。

⑯ 在接收到 Gutenberg 的订单后，DBM 可以通过"Hiflex Print Support"向 WGO 购买"海报 2"的外包服务。当 DBM 通过"Hiflex Print Support"接收到 WGO 的"海报 2"的报价后，DBM 同样可以使用查看报价的"Execution（Workflow）"窗口中的"Order"按钮来创建给 WGO 的订单。

⑰ WGO 通过电子邮件接收 DBM 在"Hiflex Print Support"中创建的购买订单。电子邮件中包含了一个含有管理数据和技术数据的 JDF 附件。WGO 在接收到订单后可以在 Hiflex MIS 中将报价转成一个激活的作业。同样，他们可以将带有订单细节信息的 JDF 文件输入到自己的 MIS 系统中。

⑱ 一旦"海报 2"在 WGO 中要被印刷，调度员可以通过 JDF 文件在 Hiflex Scheduling 功能模块中将包含"客户数据"和"作业详细说明"的 JDF 数据发送到 KBA 的 LogoTronic Professional System 中。在 WGO 中通过 JDF 发送给 KBA 印刷机的信息是最初接收到的由 Gutenberg 生成的 JDF 附件。

6. 案例点评

本案例的集成优化实质上是实现了顾客与联盟企业间的集成优化。联盟企业是由于生产技术条件的互补，从而使多个企业响应某一印刷作业的生产需要而形成；当这一作业完成，则企业结盟的利益基础消失，因此联盟企业也就解散了。由于联盟企业在结盟前归属不同的阵营，因此如何在结盟时高效地协同工作是很重要的。从本案例中可以看出，要实现高效的联盟企业，选择已经在企业内部实现设备集成的企业伙伴是基础。此外，因为不同企业往往具有不同的商业和生产管理流程，所以一个普适的 MIS 系统是很难找到的。要实现很好的集成优化，MIS 系统往往需要结合企业的实际情况进行定制。

第11章

基于DOM的JDF开发技术

在 JDF 的软件开发中，要能解析 JDF 文档，并对 JDF 文档进行查找、修改等操作。因为 JDF 是 XML 的应用标准，所以 JDF 文件的本质是 XML 文档。DOM 是 XML 文档对象模型，属于 XML 文档程序设计的接口对象，其作用是为 XML 提供一套标准的应用程序接口，以便于应用程序使用统一的方式动态地存取 XML 数据。因此，本章将重点讲解如何利用 DOM 实现 JDF 文件的处理。

11.1 解析 JDF 文档

JDF 数据标准是基于 XML 语法开发的专门应用于印刷工业信息描述的 XML 应用文件标准。通过相关章节对 JDF 基本语法的讲解可以发现，JDF 文档的本质就是 XML 文档，两者间的区别仅仅是文档的后缀名不一样：JDF 文档的后缀名是 ".jdf"，XML 文档的后缀名是 ".xml"。虽然 JDF 文档与 XML 文档存在文件后缀名的区别，但其文档中的元素、属性、文本等文档要素的组织结构都遵循 XML 的语法要求。因此，在对 JDF 文档进行解析处理时，完全可以使用 XML 文档解析技术。

JDF 文档作为印刷系统中信息集成的数据格式，在生产过程中需要对 JDF 进行形式多样的解析处理，如在 JDF 文档中读取感兴趣的信息、对 JDF 节点进行信息的完善处理、在 JDF 文档中摘取感兴趣的 JDF 子节点等。

"在 JDF 文档中读取感兴趣的信息"是解析 JDF 文档最基本的操作，因为印刷系统需要读取出 JDF 文档描述的信息，然后根据这些信息进行下一步的控制操作。例如，印刷机控制中心需要解析 JDF 文档来获得墨量数据和作业用纸参数，然后对印刷设备进行设备预设的控制操作；又如，MIS 在对印刷车间进行生产管理时，MIS 发送 JMF 消息给印刷车间管理系统，印刷车间管理系统必须能读取 JMF 文档所描述的消息内容，车间管理系统才能按照管理指令完成对应的车间管理操作。

"对 JDF 节点进行信息的完善处理"是对 JDF 文档进行信息增加或修改的操作。进行这类处理时，其本质是对 JDF 文档进行节点的插入、属性的增加、属性值的修改等。"对 JDF 节点进行信息的完善处理"贯穿印刷系统生产的整个过程。例如，从订单系统的订单生成开始到印刷生产完成，描述该作业的 JDF 文档一直在被修改、完善。又如，订单到印前系统后要增加印前生产操作参数的信息；每一过程执行完后需要对资源的状态信息进行修改，并在对应的 JDF 节点处增加执行历史记录的信息。

"在 JDF 文档中摘取感兴趣的 JDF 子节点"往往发生在 MIS 系统向某生产中心发送生产控制信息时。例如，MIS 向印刷机上发送某作业的 JDF 生产控制信息，往往不需要将该作业的整个 JDF 文档发送给印刷机控制中心，只需要将描述印刷生产的过程节点发送过去即可，因此这个过程就涉及从整个 JDF 文档中摘取感兴趣的 JDF 子节点的操作。该操作过程从遍历 JDF 节点开始，然后复制兴趣节点的整个节点内容，最后生成一个 JDF 文档。

对于不同的解析 JDF 操作，都可以通过 XML 文档的解析操作技术来完成，如使用 DOM 接口技术和 SAX 接口技术。因此，在后续的讲述过程中就不使用 JDF 文档来讲解相关的解析技术，而是直接使用 XML 文档来讲解相关技术。

11.2 DOM 接口技术

11.2.1 DOM 接口概述

文档对象模型（Document Object Model，DOM）是由 W3C 组织制定并公布的一个标准，该标准为多重平台和语言使用 DOM 提供一致的 API。W3C 于 1998 年 8 月 18 日通过 DOM Level1，该标准定义了 DOM 应当显露为什么属性、方法和事件。在 2001 年，W3C 又发布了 DOM Level3 的标准工作草案。实质上，XML 的 DOM 是一个对象模型，它显露 XML 文档的内容。也就是说，DOM 是一个与语言无关的接口，它使用对象模型来描述文档结构。

有时，需要通过应用软件来创建、访问和操作一个 XML 文档，另外，应用程序需要去读懂其他人编写的 XML 文档，从中提取所需要的信息。在这些情况下，应用开发人员都需要一个 XML 接口，这个接口是善意友好的，以它作为媒介，将所开发的应用程序与 XML 文档结合在一起。

实际上，XML 文档就是一个文本文件，因此，当需要访问文档中的内容时，必须先书写一个能够识别 XML 文档信息的文本文件阅读器，也就是通常所说的 XML 语法解析器。XML 语法解析器是一个应用程序，由它来帮助解释 XML 文档并提取其中的内容。这就要求每个应用 XML 的人都要自己去处理 XML 的语法细节，非常耗时。如果需要在不同的应用程序或开发环境下访问 XML 文档中的数据，那么这样的分析器代码就要被重写多次。

大家都知道，数据有标准的 ODBC/JDBC 这样的接口标准，在这些接口标准的帮助下，应用开发人员编写数据库应用程序的时候只要正对接口即可，可以不管后台的数据库系统究竟是 Oracle 还是 Sybase，是 DB2 还是 SQL Server，这给应用程序的开发带来了很大的便利。同样的道理，在针对 XML 的应用开发时，一个统一的 XML 数据接口也是必需的。

W3C 组织意识到了上述问题的存在，因此制定了一套书写 XML 分析器的接口规范——DOM。

除了 W3C 定义的 DOM 接口规范外，XML_ DEV 邮件列表中的成员根据应用的需要也自发地定义了一套对 XML 文档进行操作的接口规范——SAX。这两种规范各有侧重，互有长短，应用广泛。SAX 将在第 12 章进行讲解。

图 11-1 给出了 DOM 在应用程序开发中所处地位的示意图。

从图 11-1 中可以看出，应用程序并不能直接对 XML 文档进行操作，而是先由 XML 分析器对 XML 文档进行分析，然后，应用程序通过 XML 分析器所提供的 DOM 接口对分析结

图 11-1　DOM 接口在应用程序开发中所处的地位

果进行操作，从而间接地实现对 XML 文档的访问与操作。

　　需要注意的是，由于 W3C 把 DOM 定义为一套抽象的类而非正式实现 DOM，因此，由独立的开发商来提供在具体平台和开发语言下标准接口的实现。所以，其具体实现在不同的平台或语言处理系统中是不同的。而且 W3C 制定的标准只是最低要求的建议，所以，产品供应商在大多数情况下还会对 DOM 标准进行专门的技术扩展。

　　DOM 是一种标准，并且已被广泛地实现，同时也内置到其他标准中。作为标准，它对数据的处理与编程语言无关（这可能是优点，也可能是缺点，但至少使人们处理数据时的方式变得一致）。

11.2.2　DOM 的结构

　　DOM 把 XML 文档表示为节点（Node）对象树。或者说，DOM 对象映射了 XML 文档的树形状结构。"树"这种结构定义为一套互相联系的对象的集合，或者说节点，其中一个节点作为树结构的根（Root）。节点被冠以相应的名称以对应它们在树里相对于其他节点的位置。例如，某一节点的父节点就是树层次内比它高一级的节点（更靠近根元素），而其子节点则比它低一级别；兄弟节点则表示的是树结构中与它同级的节点——不在该节点的左边就在其右边。节点对象不但表示了文档中的 XML 元素，而且代表了在一个文档之内的其他所有内容，从最顶端的文档元素自身到单独的内容元素，如属性、注释以及数据等都包括在内。每一个节点都有其专门的接口，这些就接口对应于节点所代表的 XML 内容，但这些接口其本质也是节点。面向对象的支持者会说所有的 DOM 对象都继承于节点。而节点接口则是用来导航文档树、增加新节点以修改一个文档结构的主要方法。

　　一个 XML 分析器，在对 XML 文档进行分析后，不管这个文档有多简单或多复杂，其中的信息会被转化成一棵节点对象树。在这棵节点对象树中，有一个根节点——Document 节点，所有其他的节点都是根节点的后代节点。节点对象树生成之后，就可以通过 DOM 接口访问、修改、添加、删除、创建树中的节点和内容。

　　在 XML 文档中，信息是按层次化的树形结构组织的，DOM 将一个 XML 文档转换成一个节点对象树，也可以说成是转换为一个对象模型集合。因此可以认为，由 DOM 创建的节点对象树就是 XML 文件内容的逻辑表示，它是对象将 XML 文档的模型化。通过这个节点对象树，展示了 XML 文档提供的信息和它们之间的关系，而且不受 XML 语法限制。

　　在 DOM 中，XML 文档的逻辑结构像一棵树。这棵根据 XML 文档生成的节点对象树是一种分层对象模型，通过使用这个节点对象树，或说使用文档对象模型（DOM），应用开发人员可以创建文档，遍历文档的结构，修改、添加或删除元素及其内容。

下面通过一个例子来说明加载 XML 文档后所存储的 DOM 树。

例程 11-1：

```
<? xml version = "1.0"encoding = "gb2312"? >
<xscib >
  <xsci >
    <name sid = "200701201" sp = "印刷" >李四 </name >
    <math >90 </math >
    <en >84 </en >
</xsci >
<xsci >
    <name sid = "200701202" sp = "包装" >王二 </name >
    <math >75 </math >
    <en >79 </en >
</xsci >
<xsci >
    <name sid = "200701203" sp = "图文" >张三 </name >
    <math >81 </math >
    <en >60 </en >
  </xsci >
</xscib >
```

加载后在内存中存储的 DOM 树如图 11-2 所示。

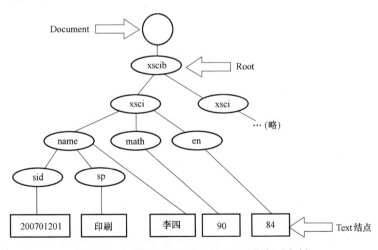

图 11-2 加载 XML 文档后的 DOM 节点对象树

从图 11-2 中可以看出，DOM 文档的逻辑结构类似一棵树，文档、文档的根、元素、元素的内容、属性、属性值等都是以对象模型的形式表示的。

在这棵文档对象树中，文档中所有的内容都是用节点来表示的。一个节点又可以包含其他节点，节点本身还可能包含一些信息，如节点的名字、节点值、节点类型等。文档中的根实际上也是一个元素，之所以要把它单独列出来，是因为在 XML 文档中，所有其他元素都是根元素的后代元素，而且根元素是唯一的，具有其他元素不具有的某些特性。

这个例子比较简单，事实上，DOM 中还包含注释、处理指令、文档类型、实体、实体引用、命名空间、时间、样式单等多种对象模型。

通过 DOM 把具体的文档模型化，这些模型不仅描述文档结构，也定义对象的行为。换言之，在图 11-2 中的节点不是数据结构，而是对象，对象包含方法和属性。在 DOM 中，对象模型要实现：

1）用来表示操作文档的接口。

2）接口的行为和属性。

3）接口之间的关系以及互操作。

11.2.3 DOM 基本接口

在 DOM 接口标准中，有 4 个基本的接口，即 Document、Node、NodeList 和 Named-NodeMap。在这 4 个基本接口中，Document 接口是对文档进行操作的入口，它是从 Node 接口继承过来的。Node 接口是其他大多数接口的父类，如 Document、Element、Attribute、Text、Comment 等接口都是从 Node 接口继承过来的。NodeList 接口是一个节点的集合，它包含了某个节点中的所有节点。NamedNodeMap 接口也是一个节点的集合，通过该接口，可以建立节点名和节点之间的一一映射关系，从而利用节点名可以直接访问特定的节点。下面分别对这 4 个基本接口做简单介绍。

1. Document 接口

Document 接口代表了整个 XML/HTML 文档，因此，它是整棵文档树的根，提供了对文档中的数据进行访问和操作的入口。

由于元素、文本节点、注释、处理指令等都不能脱离文档的上下文关系而独立存在，因此 Document 接口提供了创建其他节点对象的方法，通过该方法创建的节点对象都有一个 ownerDocument 属性，用来表明当前节点是由谁所创建的以及节点同 Document 之间的联系。

在 DOM 树中，Document 接口同其他接口之间的关系如图 11-3 所示。

图 11-3　Document 接口同其他接口之间的关系

从图 11-3 中可以看出，Document 节点是 DOM 树中的根节点，即对 XML 文档进行操作的入口节点。通过 Document 节点，可以访问文档中的其他节点，如处理指令、注释、文档类型以及 XML 文档的根元素节点等。另外，从图 11-3 中还可以看出，在一棵 DOM 树中，Document 节点可以包含多个处理指令、多个注释作为其子节点，而文档类型节点和 XML 文档根元素节点（Root）都是唯一的。

2. Node 接口

Node 接口在整个 DOM 树中具有举足轻重的地位，DOM 接口中有很大一部分接口是从 Node 接口继承过来的，如 Element、Attr、CDATASection 等，都是从 Node 继承过来的。在 DOM 树中，Node 接口代表了树中的一个节点。一个典型的 Node 接口如图 11-4 所示。

从图 11-4 中可以看出，Node 接口提供了访问 DOM 树中元素内容与信息的途径，并给出了对 DOM 树中的元素进行遍历的支持。

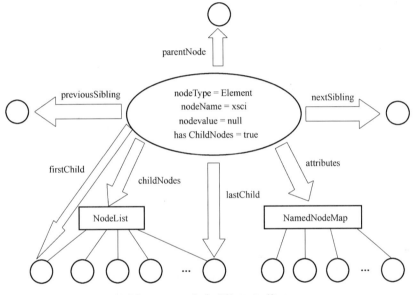

图 11-4 一个典型的 Node 接口

3. NodeList 接口

NodeList 接口提供了对节点集合的抽象定义，它并不包含如何实现这个节点集的定义。NodeList 用于表示有顺序关系的一组节点，如某个节点的子节点系列。另外，它还出现在一些方法的返回值中，如 GetNodeByName。

在 DOM 中，NodeList 的对象是"live"的，换句话说，对文档的改变，会直接反映到相关的 NodeList 对象中。例如，如果通过 DOM 获得一个 NodeList 对象，该对象中包含了某个 Element 节点的所有子节点的集合，那么，当再通过 DOM 对 Element 节点进行操作（添加、删除、改动节点中的子节点）时，这些改变将会自动地反映到 NodeList 对象中，而无须 DOM 应用程序再做其他额外的操作。

NodeList 中的每个 item 都可以通过一个索引来访问，该索引值从 0 开始。

4. NamedNodeMap 接口

实现了 NamedNodeMap 接口的对象中包含了可以通过名字来访问节点的集合。Named-NodeMap 并不是从 NodeList 继承过来的，NamedNodeMap 所包含的节点集中的节点是无序的。实现了 NamedNodeMap 接口的对象中所包含的节点也可以通过索引来访问，但是，这只提供了一种枚举 NamedNodeMap 中所包含节点的一个简单方法，并不表明在 DOM 规范中为 NamedNodeMap 中的节点规定了一种排列顺序。

NamedNodeMap 表示的是一组节点和其唯一名字的对应关系，这个接口主要用于属性节点的表示。

在 DOM 中，NamedNodeMap 的对象是"live"的。

11.3　DOM 的应用

通过前面的介绍，已经了解到 DOM 是从程序中访问 XML 文档的方法之一。对于一个格式规范的 XML 文档，DOM 是一个应用程序接口，它定义了文档的逻辑结构以及访问和操作该文档的方法。使用 DOM，应用程序开发人员可以创建文档，遍历文档的结构，增加、修改或删除元素及其内容。换言之，任何在 XML 中的元素及其内容都可以通过 DOM 进行访问、增加、修改或删除。在这个过程中可能会附带一些异常。

DOM 是一个文档对象模型，DOM 中的对象特征允许应用程序和脚本动态地访问并更新文档的内容、结构与样式。通过 DOM 节点对象树来访问树中的任何一个节点，这就是通过 DOM 树对 XML 文档的遍历。本节将通过微软的 XML 分析器 MSXML，对 DOM 接口的这些应用做简单介绍（如果系统本身没有 MSXML 组件，则需要单独下载并安装）。

11.3.1　创建一个 DOM 对象

不同的应用程序有着不同的 DOM 实现方法，微软通过 MSXML.dll 扩展了 XML DOM，并将其绑定到 IE 4 或更高的版本上，因此，通过这些 DOM 接口，就可以操纵 XML 文档。要通过 DOM 树对 XML 文档进行操作，首先需要创建 Document 对象。通过创建 Document 对象，应用程序就得到了对 XML 文档进行操作的入口。

下面给出使用不同语言创建 Document 对象的范例。

VBScript：

Dim doc

Set doc = CreateObject（"Microsoft.XMLDOM"）

JScript：

doc = new ActivexObject（"Microsoft.XMLDOM"）

11.3.2　加载 XML 文档

如前所述，可以选择不同的开发语言，如 VBScript、JScript、C++、Java 等来创建 Document 对象。在创建 Document 对象之后，就得到了对文档进行操作的入口，那么创建的这个文档对象是如何同实际的 XML 文档关联在一起的呢？

在 W3C 的 DOM 接口规范中，没有任何一个地方定义了 DOM 中的接口对象同实际文档关联的方法。因此，不同的 XML 分析器提供的加载 XML 文档的方法也不尽相同。在微软的 MSXML 中，提供了一个 load 方法来加载 XML 文档，以建立 DOM 树同 XML 文档之间的关联。

以持股信息的 XML 文档 stock.xml 为例，文档清单见例程 11-2。

例程 11-2:

```
<? xml version = "1.0" encoding = "gb2312"? >
<A_H_stockinfo >
  <stockholder >
    <name >张三 </name >
    <A600000 >12000 </A600000 >
    <A600739 >8000 </A600739 >
    <A600988 >15000 </A600988 >
    <A500018 >6000 </A500018 >
  </stockholder >
<stockholder >
  <name >李四 </name >
    <A600000 >5000 </A600000 >
    <A600739 >12000 </A600739 >
    <A600988 >9000 </A600988 >
    <A500018 >4000 </A500018 >
  </stockholder >
</A_H_stockinfo >
```

在 ASP 脚本语言中,可依以下方式来加载文档:

Set xmlDoc = CreateObject ("Microsoft. XMLDOM")

xmlDoc. async = "false"

xmlDoc. Load ("stock. xml")

该文档加载后,就在内存中形成一个 DOM 树,如图 11-5 所示。

图 11-5 stock. xml 文档所对应的 DOM 节点对象树

11.3.3 遍历 XML 文档

经过以上步骤,通过 DOM 来创建 XML 文档对象,并加载 XML 文档。对于已经加载的文档，要从文档中获取所需要的内容，这就要求能够访问 DOM 树中的任何一个节点，即所谓的 DOM 树的遍历。以下仍以 stock. xml 为例，通过实例说明如何遍历 DOM 树中的节点。

对于任何一个 DOM 树进行遍历操作，首先要获得 XML 文档的根元素，用 VBScript 语言描述这个操作如下：

Set Root = xmlDoc. documentElement

本语句定义了一个变量 Root 来表示所加载的 stock. xml 文档的根元素节点。使用这个变量 Root 来代替 xmlDoc. documentElement，主要是为了在脚本中方便使用。

该语句的实际含义如图 11-6 所示。

图 11-6 通过 Root 获取 XML 文档的根节点

得到了文档的元素节点之后，就需要访问文档中的其他元素。以文档中的第二个 stockholder 元素为例，对该元素节点及其子节点的访问可以通过下面的语句来实现：

Set stockholderNode = Root. childNodes. item（1）

Set nameNode = stockholderNode. childNodes. item（0）

Set textNode = nameNode. childNodes. item（0）

Set theName = textNode. nodeValue

执行上述访问语句后，theName 的值是"李四"。该段语句操作如图 11-7 所示，其中箭头给出了这一访问过程的示意图。

在上面的代码中，Root 是文档的根元素节点，stockholderNode 节点和 nameNode 节点都是元素类型的节点，textNode 是 TEXT 类型的节点，theName 是一个字符串。

childNodes 是 Node 对象中的一个方法，item 是 NodeList 接口中 Node 类型的属性，通过 item 可以访问 NodeList 节点集合中的任意节点（需要说明的是，当要访问根元素节点 Root 的第二个 stockholderNode 子节点时，式中用的索引参数是"1"，这是因为 item 中的索引参数是从 0 开始的。如果要访问节点集合中的第一个节点，则应该用"item（0）"来表示）。

在 DOM 标准中，要访问元素节点的内容，需要先得到元素节点的 Text 子节点，再通过 Text 节点的属性获取文本内容。微软在实现 DOM 接口时，对 DOM 进行了部分扩展，可以通过元素类型节点的 text 属性直接获得元素中的文本内容。具体使用说明可以参考微软公司 MSDN 中的帮助。

图 11-7　遍历文档中第二个元素节点及其子节点过程

11.4　DOM 对文档的操作

使用 DOM 接口不仅仅是对 XML 文档进行加载和遍历操作，还可以用于对一个已加载的 XML 文档中的元素、内容进行添加、删除、修改等操作。对于不同的语言，其代码实现各有不同，然而总体思想是类似的。以下操作都以 VBScript 代码来实现，对于其他语言的代码实现可以通过查询相关技术的支持资料来获取更多的信息。

11.4.1　添加子元素

对于一个已加载的 XML 文档，可以使用在 DOM 节点对象中增添子节点的方法来为其添加子元素，这实际上是应用 DOM 对象对一个 XML 文档结构进行动态修改。

添加子元素（节点）的操作步骤可用下述语句实现。

1）选择要创建新子节点的节点对象，代码如下：

Set node = doc. selectsingleNode（"//nodename"）

上述代码是 DOM 接口标准中 Document 接口的方法，用于选择需要的添加子节点的节点对象。其中，nodename 是所要添加子节点的元素（节点）名称。这里的 node 是定义的变量，用于存放所选择的节点对象。

2）创建新节点，代码如下：

dim newnode

set newnode = doc. createnode（1,"newChild-name",""）

该代码是 DOM 接口标准中 Node 接口的方法，用于创建子节点。其中，第一个参数代表所要创建的节点类型，1 为元素节点；第二个参数 newChild-name 是所要创建的子节点名称，由用户自行命名，但要符合 XML 元素命名规则。

3）将新节点添加到子元素集合中，代码如下：

node. appendChild（newnode）

该代码是 DOM 接口标准中 Node 接口的方法，用于把参数中传过来的 newChild 添加到当前节点的所有子节点列表的最后。如果 DOM 树中已存在 newChild 子节点，则先把已存在的这个节点删除，然后再把 newChild 子节点添加到 DOM 树中。

4）保存修改后的 XML 文档，代码如下：

doc. save（Server. MapPath（"xml-filename"））

注意，上述操作都是在内存中进行的，如要生效，则需通过保存操作进行保存。

11.4.2　添加或修改元素内容

为元素添加内容与修改已存在的元素中的内容的操作方法相同，通过设置节点的 text 属性以添加或修改内容。本项操作所用的 ASP 代码如下：

```
dim node
Set node = doc. selectsingleNode（"//nodename"）
node. text = "string"
```

在该代码中，首先应用 DOM 接口中 Document 接口的方法，以选择需要添加或修改内容的节点对象，然后使用 Node 接口的 text 属性进行内容的添加或修改操作。

11.4.3　删除子元素

对于指定子元素的删除，通过以下 VBScript 代码实现：

```
dim node
Set node = doc. selectsingleNode（"//nodename"）
node. removeChild（node. childNodes（i））
```

在该代码中，首先应用 DOM 接口中 Document 接口的方法，以选择需要删除的子元素所在的节点对象，然后使用 Node 接口的 removeChild 方法来删除指定的子节点。

第12章

SAX接口

　　与 DOM 相比，SAX 接口规范是由 XML 分析器和 XML 处理器提供的，是较 XML 更底层的接口，它提供的应用有较大的灵活性。本章首先介绍 SAX 的工作机制和常用接口，然后介绍 SAX 的常用事件和 SAX 的运用，最后将 SAX 与 DOM 进行比较，并介绍如何根据应用的需要在两种接口之间做出选择。

12.1　SAX 接口概述

　　SAX 的全称是 Simple APIs for XML，即 XML 简单应用程序接口。它是由 XML-DEV 邮件列表开发的一种处理 XML 文档的方法，该方法不去构造一个与整个文档结构对应的对象模型，而是指出一种事件驱动的方法，当在解析过程中遇到一个新元素或一种新内容时，将触发某项操作。

　　SAX 最初的版本是在 1998 年 5 月发布的，第二版于 2000 年 5 月发布。新版本对规范进行了修订与加强，其中几个原始的接口已经被终止。

　　SAX 是一个应用程序接口，它允许程序员编写应用程序来读取保存在 XML 文件中的数据。正如 SAX 的名字所说，它比较简单，适用于需要处理大文件和大量文件的场合，但它对文件内容的处理能力一般。SAX 接口规范是 XML 分析器和 XML 处理器提供的较 XML 更底层的接口，是一种很低层的 API，但它提供很强大的功能。从本质上讲，SAX 是一个 Java 接口，基本上所有的 Java XML 解析器都支持 SAX 接口。SAX 接口给应用程序提供了更大的灵活性。

　　SAX 是一个事件驱动的 API，程序员指定在什么事件发生的时候由 SAX 获得控制权。SAX 可以和 XML 分析器一起使用。所谓基于事件是指 SAX 为应用开发者提供了处理感兴趣的特定元素的方法，而不要求在应用层次处理前预先建立元素。这样做带来的好处是可以不用创建没有用的结构，而作为替代，可以在任何感兴趣的事件发生时调用应用程序的源代码。

12.1.1　SAX 接口的特点

　　当文档结构很简单时，SAX 的速度很快，这是因为文档结构简单就说明事件处理的逻辑也很简单，而且 SAX 不用创建一棵文档树，所以它通常比 DOM 处理速度更快。但从另一方面来看，也就意味着开发人员不得不自己去处理有关事件的逻辑，而 SAX 接口在这方面不会做太多的工作。

SAX 是解析 XML 的应用程序接口之一，许多语言都对该接口提供支持。例如，Java、C＋＋、Perl 和 COM 等程序语言都支持基于 SAX 接口的解析器。

应用程序从 XML 文档中获取数据有以下两种方法：

一种方法是通过解析器分析 XML 文档，然后在内存中根据文档内容创建一棵树。程序从树的顶部开始遍历这棵树，按照一定的程序指令从一个元素访问到另一个元素，以找到所需要的信息。这就是 DOM 接口的方法，或说是基于树状结构的应用编程接口的方法。

另一种方法是通过解析器读取 XML 文档以发现一些标记，例如，它可以告诉应用程序什么时候发现一个开始标记，什么时候发现了一些字符数据，而在某时发现了结束标记。应用程序即可根据所发现的不同事件，执行相应代码以获取所需的不同信息。这就是基于事件的接口方法，或说这就是应用程序通过 SAX 接口获取 XML 文档中的数据的方法。

应用程序读取 XML 文档的两种不同的方法也反映了基于树的 API 和基于事件的 API 的差异。这里，所谓基于事件，是指当事件发生时，应用程序需要对其做出反应。例如，对于单击鼠标事件，在动态网页 ASP 脚本代码中就要有对它进行响应的程序。基于事件的解析器的工作机制和这个例子很相似，但不同之处在于，在解析过程中，对事件的响应不是由用户来控制调用，而是由解析器在调用。

由上所述可以了解，基于事件的 API 特征是：直接向应用程序报告解析事件，如报告元素的开始、发现文本数据等。它不需要为文档创建内部树状结构，而应用程序可通过句柄来处理不同的事件。

由于基于事件的应用编程接口为 XML 文档提供了一个简单的、底层的访问，因此应用程序可以解析比系统内存大得多的文档，也可以使用回调事件句柄来构建自己的数据结构。

1. SAX 接口的优点

如前所述，SAX 实质上是一组程序设计接口，它将 XML 文档看作一个文字流的数据，在读取 XML 元素时会触发一系列的事件，应用程序编程人员只需编写事件处理程序，就可以获取 XML 元素的内容。

由于将 XML 文档看作一个读取文件的文字流，因此在开发应用程序上，其优点在于：

1）内存的使用较有效率。因为 SAX 不会像 DOM 那样将 XML 文档完全加载到内存中，所以对任何大小的 XML 文档都可以解析。

2）使用容易。如果应用程序只是要获取 XML 文档的部分 XML 元素，那么使用 SAX 接口就更为容易，因为该接口不用将整个 XML 文档加载到内存。这在需要信息中的一个很小的子集时是很有用处的一个特点。例如，仅仅对特定版块股票感兴趣的客户只想了解这个版块中哪一只股票的上升趋势更强劲，这时把所有上市股票数据读入到内存中显然是一种效率很低而且完全没有必要的方法，因为这个客户只需要其中的一小部分数据。

3）速度更快。如果应用程序只是在顺序地读取 XML 文档中的内容，那么，SAX 在处理上比 DOM 简单且更有效率。

2. SAX 接口的缺点

由于 SAX 接口和 DOM 接口使用完全不同的方法解析 XML 文档，因此在使用上就会有一些限制：

1）SAX 只能读取 XML 内容。因为 SAX 技术只能读取 XML 文档，而不能更改 XML 文档内容，所以这就不同于 DOM 接口那样通过遍历节点而轻易地读写 XML 文档的内容。

2）SAX 不能随机访问 XML 文档元素。因为 SAX 接口并未在内存中保存文档，所以只能以顺序方式一个一个地读取 XML 文档元素，而无法返回，这也不同于 DOM 将 XML 文档模型转化为一棵节点对象树，可以以任意方式获取 XML 元素的内容。

3）难以实现复杂的搜索。

4）现有的浏览器不支持 SAX。

12.1.2 SAX 工作机制

SAX 是一组程序设计接口，它将 XML 文档看作一个文字流的数据，在读取 XML 元素时触发一系列的事件，只需编写事件处理程序，就可以获取 XML 元素的内容。SAX 技术是一种开发的标准，原来主要是针对 Java 提供的程序设计接口。目前，微软的 MSXML 支持 SAX 应用程序接口，因此与 COM 兼容的程序设计语言，如 Visual Basic 或 Visual C＋＋都可以使用 SAX 技术开发 XML 程序。

SAX 接口的工作机制示意框图如图 12-1 所示。

图 12-1 SAX 接口的工作机制示意框图

12.2 SAX 接口及其方法

SAX 在概念上与 DOM 接口完全不同。首先，SAX 不同于 DOM 的文档驱动，它是事件驱动的，也就是说，它不需要读入整个文档，而文档的读入过程也就是 SAX 的解析过程。所谓时间驱动，就是指一种基于回调（callback）机制的程序运行方法。

SAX 在读入 XML 文档的过程中同时进行解析，也就是说，读入文档的过程和解析的过程是同时进行的，这与 DOM 接口的区别很大。解析开始之前，需要向 XMLReader 接口注册一个 ContentHandler 接口，该接口的作用相当于一个事件监听器，在 ContentHandler 中定义了很多方法，如 startDocument（）等，它定制了当在解析过程中，遇到文档开始时应该处理的事情。当 XMLReader 读到合适的内容时就会抛出相应的事件，并把这个事件的处理权代理给 ContentHandler，调用其相应的方法进行响应。

这些事件需要由程序员决定如何处理，程序员也可以忽略这些事件，但如此做会丢弃事件中的信息。

由上述可知，SAX 接口之所以叫作"简单"应用程序接口，是因为这个接口确实非常简单，绝大多数事情分析器都没有做，需要应用程序自己去实现，因此程序员的任务也相应重一些。

12.2.1 SAX 应用程序接口

SAX 定义了几个封装其功能的接口、类和异常，只要通过制定一个接口就能方便地提供可以替代的 API 实现。通常，至少需要实现一个接口以响应每个程序的 SAX 事件。SAX 接口及其说明见表 12-1。

表 12-1　SAX 接口及其说明

接口	说　　明
ContentHandler	SAX 主要的应用程序接口,用于处理 XML 文档的内容
ErrorHandler	处理在解析过程产生的错误,共有 3 种错误:可恢复错误、致命错误和警告错误
DTDHandler	处理没有进行解析的实体和标记声明
LexicalHandler	处理词汇,如注释、CDATA 块、实体参考等
DeclHandler	处理 XML 元素和属性声明
EntityResolver	允许应用程序处理外部实体
XMLReader	处理 XML 的解析
Attributes	提供获取 XML 文档的属性
Locator	提供事件发生时,XML 文档的位置行和列

SAX 是一种"主动模式解析器"（push-model parser），当 SAX 解析 XML 文档时，XMLReader 接口在读取 XML 文档的同时触发一系列事件，SAX 就是处理事件的应用程序接口。

表 12-1 中，SAX 应用程序接口的名称为 Java 编程语言的名称，而在 MSXML 中接口名称就有些变化，当使用 C++编程语言时需要加上前缀 ISAX，如 ContentHandler 在 C++中的名称就是 ISAXContentHandler、ErrorHandler 就是 ISAXErrorHandler，其他以此类推。

12.2.2　SAX 主要应用程序接口说明

对表 12-1 中，SAX 主要的应用程序接口的详细说明如下：

1. ContentHandler 接口

ContentHandler 接口属于 SAX 的主要接口，用于处理 XML 文档的内容，如元素、属性和内容。ContentHandler 接口的主要方法如下：

（1）startDocument 方法　当开始解析 XML 文档时触发此事件，用户可以建立程序以处理此事件。

（2）startElement 方法　当解析到每一个 XML 元素时，处理器开始标记名称和属性列表。

（3）characters 方法　该方法用于获取 XML 元素内容的文字数据。

（4）endElement 方法　该方法用于处理 XML 元素的结尾标记名称。

（5）endDocument 方法　当 SAX 解析器处理到 XML 文档的最后时就触发此事件。

SAX 在解析一个 XML 元素时，能够产生 startElement、characters 和 endDocument 三个事件。

（6）processingInstruction 方法　如果 XML 文档中有 PI 指令，则该方法用于处理 XML 文档的 PI。

注意，在 SAX 接口的对象模块中，即使是一个空方法，没有任何程序代码，每个方法还是需要提供相关的程序。除了上述主要方法外，其他方法的程序也要一一列出。

2. ErrorHandler 接口

ErrorHandler 接口可以追踪解析的错误信息，其有三种错误类型：可恢复错误、致命错误和警告错误。当遇到不同的错误时，ErrorHandler接口中的error、fatalError或warning方法就会被激活。

3. XMLReader接口

XMLReader接口提供XML文档的加载和解析功能，但并不需要程序员为该接口编写对应的程序代码，因为这个接口直接由解析器来处理。

XMLReader接口的主要方法如下：

（1）Parse方法　解析XML文档的字符串。

（2）ParseURL方法　解析XML文档，可以是路径或URL。

XMLReader接口的主要属性如下：

（1）contentHandler方法　解析XML文档的字符串。

（2）errorHandler方法　解析XML文档，可以是路径或URL。

（3）baseURL方法　XML文档的基URL。

4. Attributes接口

该接口提供XML元素中的属性列表，同样，程序员不需要为该接口编写对应的程序代码，这个接口也是直接由解析器来处理的。

Attributes接口的方法如下：

（1）getIndexFromName方法　获取属性的索引编号。

（2）getValueFromName方法　使用属性名称获取属性值，引入的为属性名称。

（3）getValue方法　使用属性值，引入的为属性索引编号。

（4）getLocalName方法　获取属性名称，引入的为属性索引编号。

（5）getType方法　获取DTD属性声明的数据类型。

Attributes接口有length属性，此属性用于获取元素拥有的属性数。

5. Locator接口

Locator接口提供当前解析的位置信息，其主要的两个属性如下：

（1）columnNumber方法　获取所在的列。

（2）lineNumber方法　获取所在的行。

12.3 SAX接口应用示例

在应用程序的实际应用中，一般不会把读入的XML文档原样输出，通常都是要对读入的XML文档数据做一些特定的处理以完成某种需求。但是，如果只是想通过一个具体的应用程序来解释应该如何应用SAX接口，这不失为一种简单而有效的方法。下面利用SAX分析器读入XML文档，并原样输出其内容，分析一下SAX接口的应用。在示例分析中，我们采用的SAX分析器是SUN的JAXP，采用的编程语言是Java。如果需要编译执行本节中的例程，则需要安装JDK以及JAXP包。

12.3.1 生成应用程序框架

首先，创建一个名为Echo.java的文件，文件的基本框架见例程12-1。

例程12-1：Echo.java。

```
public class Echo extends HandlerBase
{
  public static void main(String argv[])
  {
  }
}
```

在例程 12-1 的代码中，Echo 类是从 HandlerBase 继承过来的，在 HandlerBase 中，实现了 JAXP 中的所有接口，这样，通过使用 HandlerBase 的继承类就可以重载所有我们关心的方法，对不关心的方法则采用缺省处理。

要想把这个示例做成一个单独的、完整的程序，需要一个 main 方法和一个命令行参数（用来告诉应用程序对哪个 XML 文档进行操作）。

12.3.2 引入需要的类

应用程序中将用到的类包具体见例程 12-2。

例程 12-2：

```
improt java.io.*;
improt org.xml.sax.*;
improt javax.xml.parsers.SAXParserFactory;
improt javax.xml.parsers.parserConfigurationException;
improt javax.xml.parsers.SAXParser;
public class  Echo extends HandlerBase
{
...
}
```

在例程 12-2 所示的几个类包中，java.io 中的类适用于输出。在 org.xml.sax 包中定义了在 SAX 分析器中用到的所有接口。SAXParserFactory 类用来创建需要的分析器实例，如果 SAXParserFactory 不能按照配置选项创建合适的分析器，则该类就会产生一个 parserConfigurationException 异常。SAXParser 是类工厂创建的分析器的实例。

12.3.3 实现输入／输出

例程 12-3 中，黑体部分的代码用于实现输入／输出。

例程 12-3：

```
  public static void main(String argv[])
  {
```

```
       if(argv. length ！ =1){
         System. err. println ("请输入文件名")
         System. exit(1);
       }
       try{
         //Set up output stream
         out = new OutputStreamWriter(System. out, "GB2312");
       }
       catch(Throwable t){
         t. printStackTrace();
       }
System. exit(0);
  }
  static private Writer out;
```

黑体代码首先对命令行参数进行处理，获得 XML 文档的文件名，然后创建了一个文档输出流。

12.3.4　创建分析器

接下来可以创建分析器实例了，例程 12-4 中的黑体代码就是分析器实例的创建过程。

例程 12-4：

```
public class   Echo extends HandlerBase
{
  public static void main (String argv[])
  {
    if(argv. length ！ =1){
      System. err. println ("请输入文件名")
      System. exit(1);
    }
//Use the default(non-validating)parser
    SAXParserFactory factory = SAXParserFactory. newInstance();
    try{
      //Set up output stream
      out = new OutputStreamWriter(System. out, "GB2312");
      //Parse the input
      SAXParser saxParser = factory. newSAXParser();
saxParser. parse (new File (argv[0],new Echo());
    }
```

```
      catch(Throwable t){
        t.printStackTrace();
      }
  System.exit(0);
    }
```

例程 12-4 中，黑体部分所标注的代码首先创建了一个 SAXParserFactory 实例 factory，然后由类工厂创建了一个分析器实例，并通过该分析器实例处理分析事件，进而得到处理的文档。

12. 3. 5　实现 DocumentHandler 接口

DocumentHandler 接口是需要用到的一个最重要的 JAXP 接口，在该接口中，需要一系列的方法，这些方法是 SAX 分析器在对 XML 文档进行分析时遇到不同的分析事件所激发的相应处理。目前，主要用到的五个方法是 startDocument、endDocument、startElement、endElement 和 characters，例程 12-5 中黑体部分所标注的代码就是用来响应这五种事件处理的。

例程 12-5：

```
...
static private Writerout;
  public void startDocument()
  throws SAXException
  {
  }

public void endDocument()
throws SAXException
  {
  }

public void startElement(String name, AttributeList attrs)
  throws SAXException
  {
  }
public void endElement(String name)
  throws SAXException
  {
  }
  public void characters(char buf[],int offset,int len)
```

```
throws SAXException
{
}
...
```

当分析器遇到一个起始标记或一个结束标记时，标记名称就作为一个字符串变量传递给方法 startElement 和 endElement。另外，当遇到起始标记时，起始标记所代表的元素的所有属性都以 AttributeList 的形式传递给 startElement 方法。在一个元素内的字符以一个字符数组的形式传递给 characters 方法，在 characters 方法中还有另外两个参数，其中一个代表字符数组的长度，即字符的个数，另一个参数代表元素内的第一个字符在字符数组中的偏移。

下面请阅读例程 12-6 所示的一个 XML 文档。

例程 12-6：

```
<? xml version = "1.0"? >
<addressbook >
<person >
<name >Luo Rubai </name >
  <company >XAUT </company >
</person >
</addressbook >
```

当利用 SAX 分析器中的 DocumentHandler 接口中的方法对例程 12-6 进行分析时，方法的调用时序如图 12-2 所示。

图 12-2　SAX 调用时序图

12.3.6 输出异常

每个 DocumentHandler 接口的方法都会产生 SAXException 异常，但不会产生写文件时可能发生的 IOException 异常。但是，由于 SAXException 可以封装其他异常，因此可以通过一个自定义的方法来处理异常。例程 12-7 中，黑体部分的代码就是用来处理异常的函数。

例程 12-7：

```
public void characters(char buf[],int offset,int len)
  throws SAXException
  {
  }
public void emit(String s)
  throws SAXException
  {
    try{
      out.write(s);
      out.flush();
    }catch(IOException e)
    {
    throw new SAXException("I/O error",e);
    }
  }
...
```

当 emit 方法被调用时，所有输入/输出错误都被封装在了 SAXException 中，并由 SAX 分析器来处理 SAXException 异常。

12.3.7 简单格式输出

在对 XML 文档进行实际的处理之前，还需要做最后一件事情——写一个简单的换行函数 nl，使输出文档不至于都输出在一行上，从而增加输出文档的可读性，见例程 12-8。

例程 12-8：

```
public void emit(String s)
{
...
}
  public void nl()
  throws SAXException
```

```
{
  String lineEnd = System. getProperty ("line. separator")
  try{
    out. write (lineEnd);
  }catch (IOException e)
  {
    throw new SAXException ("I/O error",e);
  }
}
```

12.3.8　处理文档事件

在 12.3.5 小节中，我们定义了五个文档事件处理方法的框架，现在来实现框架中的实际内容，见例程 12-9。

例程 12-9：

```
public void startDocument ()
throws SAXException
  {
    emit ("<? xml version = "1.0" encoding = "gb2312"? >");
    nl ();
  }

public void endDocument ()
throws SAXException
  {
    try
    {
      nl ();
      out. flush ();
    }
    catch (IOException e)
    {
      throw new SAXException ("I/O error",e);
    }
  }
```

在例程 12-9 中，当分析器遇到文档的起始部分时，就输出 XML 文档的声明语句。当分析器遇到文档的结束部分时，简单地输出一个换行，并把流中的内容全部输出。就文档的开始与结束而言，不需要再做其他的工作。

到目前为止，例程可以让人有一种可触摸的、实实在在的感觉了，因为可以看到它的输出结果了（前面的例程都没有可以看得见的结果）。编译例程 12-9 可得到下面的输出结果：

```
<? xml version = "1.0" encoding = "gb2312"? >
```

例程 12-9 只是处理了文档的起始和结束，对于元素的起始和结束，所做的工作见例程 12-10 中的黑体部分代码所示。

例程 12-10：

```
public void startElement(String name, AttributeList attrs)
  throws SAXException
  {
    emit(" <" +name);
    if(attrs ! =null)
    {
      for(int i =0;i <attrs. getLength();i + +)
      {
emit(" ");
        emit (attrs. getName (i) + " = \"" + attrs. getValue (i) + " =
\"");
      }
    }
    emit(" >");
  }

public void endElement(String name)
  throws SAXException
  {
    emit(" </" +name + " >");
  }
```

通过上面的代码，可以输出遇到的元素名称和元素的所有属性及属性值。

现在，只剩下 XML 文档中的文本内容没有输出了。例程 12-11 中的代码则是 characters 方法的实现。

例程 12-11：

```
public void characters(char buf[],int offset,int len)
```

```
    throws SAXException.
    {
      String s = new String(buf,offset,len);
      emit(s);
    }
```

对于例程 12-6 中的 XML 文档，执行例程 12-7 至例程 12-11 这五部分程序，可以得到如下结果：

```
<? xml version = "1.0" encoding = "gb2312"?  >
< addressbook >
< person >
< name > Luo Rubai < /name >
  < company > XAUT < /company >
< /person >
< /addressbook >
```

到目前为止，已经写完了利用 SAX 分析器的一个应用程序 Echo. java，完整的程序代码见例程 12-12。

例程 12-12：

```
improt java.io. * ;
improt org.xml.sax. * ;
improt javax.xml.parsers.SAXParserFactory;
improt javax.xml.parsers.parserConfigurationException;
improt javax.xml.parsers.SAXParser;

public class  Echo extends HandlerBase
{
  public static void main(String argv[])
  {
    if(argv.length ! =1)
    {
      System.err.println("请输入文件名")
      System.exit(1);
    }

    //Use the default(non-validating)parser
    SAXParserFactory factory = SAXParserFactory.newInstance();
```

```
    try{
      //Set up output stream
      out = new OutputStreamWriter(System. out, "GB2312");
      //Parse the input
      SAXParser saxParser = factory. newSAXParser();
      saxParser. parse(new File(argv[0]),new Echo());
    }
    catch(Throwable t){
      t. printStackTrace();
    }
    System. exit(0);
  }
  static private Writerout;

  public void startDocument()
  throws SAXException
  {
    emit("<? xml version = "1. 0" encoding = "gb2312"? >");
    nl();
  }


  public void endDocument()
  throws SAXException
  {
    try
    {
      nl();
      out. flush();
    }
    catch(IOException e)
    {
      throw new SAXException("I/O error",e);
    }
  }


  public void startElement(String name, AttributeList attrs)
  throws SAXException
  {
```

```java
      emit("<"+name);
      if(attrs ! =null)
      {
        for(int i =0;i <attrs.getLength();i + +)
        {
          emit(" ");
          emit(attrs.getName(i) +" = \"" + attrs.getValue(i) +" =
\"");
        }
      }
      emit(">");
    }


  public void endElement(String name)
    throws SAXException
    {
      emit("</"+name + ">");
    }


  public void characters(char buf[],int offset,int len)
    throws SAXException
    {
      String s =new String(buf,offset,len);
      emit(s);
    }


  public void emit(String s)
    throws SAXException
    {
      try{
        out.write(s);
        out.flush();
      }catch(IOException e)
      {
        throw new SAXException("I/O error",e);
      }
    }
    public void nl()
    throws SAXException
```

```
{
  String lineEnd = System. getProperty ("line. separator")
  try{
    out. write(lineEnd);
  }catch(IOException e)
  {
    throw new SAXException("I/O error",e);
  }
}
```

12.4 SAX 接口与 DOM 接口的比较

SAX 利用基于事件的驱动方式来处理 XML 文档，基于事件是指 SAX 为开发者提供特定元素的方法，而不必要求在应用层次中处理之前预建的元素，这样带来的好处是没有必要的结构将不被创建。作为替代，将在任何感兴趣的事件发生时，调用应用程序源代码。注意，SAX 不仅在处理元素子集时特别有效，而且是处理大规模 XML 文档的有用工具。如果需要处理所有的元素，则这类大规模 XML 文档就会遇到内存问题，因为建立众多对象十分耗费内存。而 SAX 不必建立所有元素，处理过程将实时进行，这与大量的传递调用正好相反。

SAX 诞生是在 XML-DEV 讨论组上，提出它的原因是解决一些不适用的 DOM 接口，它们的实现过于庞大且比较慢。首先，W3C 推荐符合 API 标准的接口规范，而 SAX 是由事件驱动的，且有广泛支持 API 标准的接口规范。DOM 适用于结构化编辑 XML 文档，如排序、记录移动以及与其他应用共享 XML 文档等操作。而 SAX 的效率高（不创建显式数据结构），适合大文档以及内存与文档结构无关的任务，如计算 XML 文档节点数或提取特定节点内容。

由上述可知，凡是 SAX 可以做的工作 DOM 都可以做，但是由于 DOM 是整体装入来处理 XML 文档的，因此对系统资源的占用很大，尤其是在处理大文档时更加明显，所以采用 DOM 模型往往给服务器端带来繁重的任务。而对于 SAX 来说，DOM 的很多工作它很难完成，如排序、移动等，因为它缺少对于 XML 文档的整体视图，所以这就要求在采用 SAX 之前，必须明确自己的应用是否适用于 SAX 的内容。

第13章

JDF相关软件开发技术

13.1　MIME 协议

13.1.1　MIME 基础

多用途互联网邮件扩展（Multipurpose Internet Mail Extensions, MIME）是目前互联网电子邮件普遍遵循的邮件技术规范。在 MIME 出现之前，互联网电子邮件主要遵循 RFC 822 标准格式，电子邮件一般只用来传递基本的 ASCII 码文本信息。MIME 在 RFC 822 的基础上对电子邮件规范做了大量的扩展，引入了新的格式规范和编码方式。在 MIME 的支持下，图像、声音、动画等二进制文件都可方便地通过电子邮件来进行传递，弥补了原来的信息格式的不足。实际上 MIME 不仅仅是邮件编码，现在已经成为 HTTP 标准的一个部分。

一个普通的文本邮件的信息由头部分和体部分组成。在一个符合 MIME 的信息中，包含一个信息头（指整个邮件的头），邮件的各个部分叫作 MIME 段，每段前也缀以一个特别的头。如果 MIME 邮件是复合类型 multipart 的，则其正文（体部分）由多个消息体组成，每个消息体有自己的 MIME 段头（指每个 MIME 段的头）和段体（正文）。每个消息体之前都有一条边界线，然后跟着下一个消息体。

multipart 类型的子类型有：

（1）multipart/alternative　表示正文由两个部分组成，可以选择其中的任意一个。如在正文中同时有 TEXT 格式和 HTML 格式，则可以在两个正文中选择一个来显示，支持 HTML 格式的邮件客户端软件一般会显示其 HTML 正文，而不支持的则显示其 Text 正文。

（2）multipart/mixed　表示文档的多个部分是混合的，指正文与附件的关系。如果邮件的 MIME 类型是 multipart/mixed，则表示邮件带有附件。

（3）multipart/related　表示文档的多个部分是相关的。在 JDF 的打包邮件中因为 JMF、JDF 和其他部件间都是相关的，所以一般使用此类型的 MIME 邮件。

13.1.2　MIME 类型和文件扩展名

目前，专门用于 JDF 的 MIME 类型还没有在 IANA（因特网号码分配管理机构）上注册。正在进行注册专门用于 JDF 的 MIME 类型将被注册为：

- JDF-application/vnd. cip4-jdf + xml。

● JMF-application/vnd. cip4-jmf + xml。

当扩展名的环境中，使用基于文件的协议时，推荐控制器（Controller）针对 JDF 文件使用".jdf"作为文件扩展名。连续将 JMF 写入文件中，推荐在代理（Agent）中使用".jmf"作为文件扩展名。

在 MIME 包中含有 JDF 或 JMF 文件时，若 JDF 是第一个消息体，则推荐这个包使用".mjd"作为文件扩展名。若 JMF 消息是第一个消息体，推荐使用".mjm"作为文件扩展名。CIP4 也为 CIP3 的 PPF 注册了一个其专用的 MIME 类型，即 application/vnd. cip3-ppf。当编写 PPF 文件时，推荐控制器使用".ppf"作为文件扩展名。

13.1.3　MIME 的头信息

MIME 中包含 MIME 信息头和 MIME 段头，这两类 MIME 的头信息不是完全相同的。常见的 MIME 信息头的头信息和 MIME 段头的头信息分别见表 13-1 和表 13-2。

MIME 的头信息记录在各种域中，域的基本格式为"｛域名｝：｛内容｝"，域由域名后面跟"："再加上域的信息内容构成。一条域在邮件中占一行或多行，域的首行左侧不能有空白字符，如空格或制表符，占用多行的域其后续行必须以空白字符开头。域的信息内容中还可以包含属性，属性之间以"；"分隔，属性的格式为"｛属性名称｝＝"｛属性值｝""。

表 13-1　MIME 信息头的头信息

域名	含义	添加者
Received	传输路径	各级邮件服务器
Return-Path	回复地址	目标邮件服务器
Delivered-To	发送地址	目标邮件服务器
Reply-To	回复地址	邮件的创建者
From	发件人地址	邮件的创建者
To	收件人地址	邮件的创建者
Cc	抄送地址	邮件的创建者
Bcc	暗送地址	邮件的创建者
Date	日期和时间	邮件的创建者
Subject	主题	邮件的创建者
Message-ID	消息 ID	邮件的创建者
MIME-Version	MIME 版本	邮件的创建者
Content-Type	内容的类型	邮件的创建者
Content-Transfer-Encoding	内容的传输编码方式	邮件的创建者

表 13-2　MIME 段头的头信息

域名	含义
Content-Type	段体的类型
Content-Transfer-Encoding	段体的传输编码方式
Content-Disposition	段体的安排方式
Content-ID	段体的 ID
Content-Location	段体的位置(路径)
Content-Base	段体的基位置

1. MIME-Version

MIME-Version 表示使用的 MIME 的版本号，一般是 1.0，如 MIME-Version：1.0。

2. Content-Type

Content-Type 定义正文的类型，实际上是通过这个标识知道正文是什么类型的文件。例如，text/plain 表示的是无格式的文本正文，text/html 表示的是 HTML 文档，image/gif 表示的是 GIF 格式的图片等。Content-Type 都是"主类型/子类型"的形式。主类型有 text、image、audio、video、application、multipart、message 等，分别表示文本、图片、音频、视频、应用、分段、消息等。每个主类型都可能有多个子类型，如 text 类型就包含 plain、html、xml、css 等子类型；multipart 类型就包含 alternative、mixed 和 related 等子类型。

在 JDF 中，一般是 multipart/related 类型的 MIME 包，对于 MIME 包的信息头、包中每个 JDF 或 JMF 消息体以及其他数字文件体的段头都必须包含 Content-Type 信息。也就是说，Content-Type 用于标识整个 MIME 包的类型，Content-Type 还用于标识每个消息体的类型。表 13-3 列出了在 JDF 中常用的 Content-Type 类型。

表 13-3 在 JDF 中常用的 Content-Type 类型

Content-Type 类型	说 明
application/vnd.cip4-jdf+xml	一个 JDF 文件。XML 文档的根元素必须为 JDF
application/vnd.cip4-jmf+xml	一个 JMF 文件。XML 文档的根元素必须为 JMF
Application/pdf	一个 PDF 文件
multipart/related	包含 JDF 或 JMF 的包，还可能有索引数据，第一个消息体的 XML 文档的根元素必须为 JDF 或 JMF

3. Content-ID

Content-ID 作为段体的 ID，对于 multipart/related 类型的 MIME 包中的任何一个消息体（段体）来说都是必需的。Content-ID 能够识别 multipart 类型的 MIME 包中不同的段体。它的值必须是一个以 US-ASCII 定义的 E-mail 地址。Content-ID 的每个值在 MIME 包中必须是唯一的，但它并不需要是一个可用的 E-mail 地址。因此，Content-ID 可以是一个比较随意的序列而无须与原始的文件名相关。一个很好的习惯就是在制定 Content-ID 的值时只是用数字或 US-ASCII 码的前 127 个字符以减少与智能化的 MIME 代理器的冲突。

4. Content-Transfer-Encoding

Content-Transfer-Encoding 在头信息中是可选项，它表示了这个部分文档的编码方式。只有识别了这个说明，才能确保使用正确的解码方式实现对其解码。JDF 1.3 推荐为 multipart/related 类型的 MIME 包中的 JDF 或 JMF 部分指定编码方式。

它定义了以下几种不同的编码：
- "7bit"。
- "quoted-printable"。
- "base 64"。
- "8bit"。
- "binary"。

其中，"7bit"是默认的编码方式。"base64"和"quoted-printable"是在非英语国家使用最广的编码方式。"8bit"这个说明没有额外的编码应用于该数据，如果数据流包含 CR 或 LF 分隔符则要使用"8bit"编码。例如，包含了 JDF 或 JMF 的消息体（段体）就要使用"8bit"的编码方式。"binary"（二进制码）也说明没有额外的编码应用于该数据，如果在数据流中不包含 CR 或 LF 分隔符则使用"binary"编码，如包含 JPEG、PDF 的消息体（段体）就要使用"binary"的编码方式。

可以定义以"X-"为前缀的私有编码。支持 MIME 的用户应该支持"8bit"和"binary"，必须支持"base 64"，其他的编码方式为可选。

5．Content-Disposition

Content-Disposition 在头信息中是可选项，它用于给客户程序/MUA 提供提示，来决定是否在行内显示附件或作为单独的附件。Content-Disposition 必须被设置为"attachment"（附件）。

Content-Disposition 允许为消息体（段体）指定一个文件名。该文件名赋值给"filename"参数，作为存储该附件建议的文件名。该文件名可以是建立 MIME 文件时的原始文件名，它对于操作者来说是可见的。需要注意的是，这个文件名是一个需要特殊 MIME 编码规则的值，如下面分别就只包含 US-ASCII 码和包含非 US-ASCII 码的文件名进行了举例：

- 包含 US-ASCII 码的文件名，如"Cover page. pdf"：

Content-Disposition：attachment；filename = " Cover page. pdf"；

- 包含非 US-ASCII 码的文件名，如"Dollar €_ 1. pdf"：

Content-Disposition：attachment；filename ∗ = UTF-8′′Dollar% E2% 82% AC_ 1. pdf；

13.1.4　单独包含 JDF 或 JMF 的 MIME 包实例

例程 13-1 显示了 MIME 如何将一个 JDF 文件作为一个单个的 MIME 对象打包。

例程 13-1：

```
MIME-Version: 1.0
Content-Type: multipart/related; boundary = abcdefg0123456789
Content-Transfer-Encoding: 8bit
 --abcdefg0123456789
Content-Type: application/vnd. cip4-jdf + xml
 <JDF … >
 <PreviewImage Separation = "PANTONE 128" URL = "cid:123456.png" / >
 </JDF >
 --abcdefg0123456789 --
```

在例程 13-1 中" --abcdefg0123456789"和" --abcdefg0123456789 --"是 MIME 中的消息体的边界线。"abcdefg0123456789"是边界线中的分隔符，这个分隔符是正文中不可能出现的一串字符的组合，在文档中，以" --"加上这个分隔符来表示一个部分的开始，在文档的结束，以" --"加分隔符再在最后加上" --"来表示文档的结束。在复合类型的 MIME 包中是可以嵌套使用的。

13.1.5　cid URL 模式

使用 multipart/related 类型的 MIME 包的一个好处就是能够提供从一个消息体到内容的另一个消息体的 URL 链接。这需要使用 URL 中的一个"cid"模式来实现，如例程 13-2 中黑体加粗的代码。

例程 13-2：

```
MIME-Version: 1.0
Content-Type: multipart/related; boundary = abcdefg0123456789
Content-Transfer-Encoding: 8bit
--abcdefg0123456789
Content-Type: application/vnd. cip4-jdf+xml
<JDF … >
<PreviewImage Separation = "PANTONE 128" URL = "cid:123456.png@
cip4.org"/>
</JDF>
--abcdefg0123456789
Content-Type: image/png
Content-Transfer-Encoding: base64
Content-ID: <123456.png@cip4.org>
BASE64DATA
BASE64DATA
--abcdefg0123456789--
```

在例程 13-2 中，Content-ID 值要求被包含在一对尖括号内（"<>"）。在 Content-ID 中允许出现那些在 URL 中不允许出现的字符，所有这些字符都必须是十六进制编码的，使用"%hh"来躲避 URL 的机制。因此，在匹配 cid URL 和 Content-ID 时，必须考虑到这种转义的等价。

13.1.6 multipart/related 类型的 MIME 包中消息体的排序

如前所述，在 multipart 类型的 MIME 包中的第一个消息体必须是 JMF 消息，用 cid URL 和对应的 Content-ID 段头信息来定义内部链接。接下来的是 JDF 作业传票，之后是链接实体，如例程 13-3 中的预览图片"Pages1.pdf"。

例程 13-3 的 MIME 包中包含的消息体有：

- Message. jmf。
- Ticket01. jdf。
- Pages1. pdf。

例程 13-3：

```
MIME-Version: 1.0
Content-Type: multipart/related; boundary = unique-boundary
--unique-boundary
Content-Type: application/vnd. cip4-jmf+xml
Content-Transfer-Encoding: 8bit
...
```

```
< JMF xmlns = "http://www.CIP4.org/JDFSchema_1_1" SenderID = "JMF-
Client"
TimeStamp = "2005-07-07T13:15:56 +01:00" Version = "1.3" >
< Command ID = "C0001" Type = "SubmitQueueEntry" >
< QueueSubmissionParams Hold = " true " URL = " cid: JDF1 @
hostname.com"/ >
</Command >
</JMF >


--unique-boundary
Content-Type: application/vnd.cip4-jdf + xml
Content-Transfer-Encoding: 8 bit
Content-ID: < JDF1@ hostname.com >
Content-Disposition: attachment; filename = "Ticket01.jdf";
< ? xml version = "1.0" encoding = "UTF-8" standalone = "no" ? >
< JDF xmlns = " http://www.CIP4.org/JDFSchema_1_1" Activation =
"Active" ID = "JDF_c"
JobID = " Geef62b72-0f6e-4195-a412-aaa3123d200b" Status = " Waiting "
Type = "Product"
Version = "1.3" >
< ResourcePool >
< RunList Class = "Parameter" DocCopies = "1" FirstPage = "0" ID =
"RunList4" IsPage = "true"
NDoc = "1" PageCopies = "1" Status = "Available" >
< LayoutElement ElementType = "Document" HasBleeds = "false" ID =
"LayoutElement_1"
IgnorePDLCopies = "true" IgnorePDLImposition = "true" IsPrintable
= "true" >
< FileSpec AppOS = "Windows" Compression = "None" Disposition = "Re-
tain"
ID = "FileSpec_9"URL = "cid:Asset01@ hostname.com"
UserFileName = "Christmas Cards"/ >
</LayoutElement >
</RunList >
</ResourcePool >
</JDF >


--unique-boundary
Content-type: application/pdf
```

```
Content-ID: <Asset01@ hostname.com >
Content-Transfer-Encoding: binary
Content-Disposition: attachment; filename = "Pages 1.pdf";
The pdf goes in here.
--unique-boundary --
```

当这样一个数据流到达服务器时，先被解码，然后各部分被存储到本地的内存或硬盘中。

数据流中的内容被提取出来后，控制器的设计者选择一个被唯一命名的地址将 MIME 包中的内容保存。各部分内容存储的顺序是：

1）首先保存的资产是 Pages1.pdf，它被存放的地址为：

///root/temp/a39e9503-a96b-4e86-9cld-f4188d19810e/Assets/

2）然后控制器在内部根据已保存的 Pages1.pdf 的地址将 Ticket01.jdf 作业传票中 URL 的值 "cid: Asset01@ hostname.com" 变换为：

file：///root/temp/a39e9503-a96b-4e86-9c1d-f4188d19810e/Assets/Pages1.pdf.

3）接着将 Ticket01.jdf 存放在：

////root/temp/a39e9503-a96b-4e86-9c1d-f4188d19810e/

4）最后控制器在内部根据已保存的 Ticket01.jdf 的地址将 Message.jmf 中 URL 的值 "cid：JDF1@ hostname.com" 变换为：

file：///root/temp/a39e9503-a96b-4e86-9c1d-f4188d19810e/Ticket01.jdf

然后运行或存储 Message.jmf 消息。

13.1.7　MIME 在 JDF 通信系统中的应用

在基于 JDF 的印刷制造系统中，进行 JDF 数据通信时，常需要将 JMF 消息和 JMF 消息涉及的 JDF 作业传票以及 JDF 作业传票所涉及的一系列数字化资源（如使用 PNG 格式编码的预览图片、ICC 特征文件、预飞文件和 PDL 文件）等组合到一个包中，然后发送到目标地址。

由于 MIME 协议能够将 JDF 或 JMF 数据与其他多种数据封装在一个 MIME 包中进行发送，因此对于上述的包含多种数据的 JDF 在数据通信时，即可采用基于 MIME 协议的邮件发送。

例如，在 Adobe Acrobat 7.0 中，就是使用 MIME 包将 JDF 文件和 PDF 文件打包并提交到特定设备上，其界面如图 13-1 所示。

图 13-1　Adobe Acrobat7.0 中使用 MIME 包提交作业传票

13.2 SOAP 协议与单向 JMF 消息通信

13.2.1 "信号" JMF 消息通信模式

"信号" JMF 消息通信可通过三种方法激发。第一种方法是通过包含 "Subscription" 元素的询问消息来发起初始的询问。第二种方法是在 JDF 文档的 JDF 节点中通过 "NodeInfo" 元素内定义 Query 消息的 JMF 元素来发起初始的询问，同样在该 Query 消息中也包含一个 "Subscription" 元素。这两种方法都需要一个起始的 Query 消息来订阅（激发）Signal 消息，不同的是传递起始询问消息的路径不同。第三种则无须一个起始的 Query 消息，而是通过硬连线的（hard-wired）方式来建立信道。例如，当一个控制器（或设备驱动）的工作状态发生变化时（如印刷机启动服务、换版开始、换版结束等时刻）就会自动产生一个信号消息，然后根据初始化的控制器的 URL 发送给各个控制器。本节重点讨论硬连线的 "信号" 通信模式。例如，当印刷机停止工作的时刻将发出如下的 Signal 消息：

```
< JMF xmlns = "http://www.CIP4.org/JDFSchema_1_1" SenderID = "BR_
002" TimeStamp = "2008-11-05T21:30:03 +08:00" Version = "1.3" >
    < Signal ID = " M081105213003" Type = "Status" >
    < DeviceInfo Speed = " 0" DeviceStatus = " Down" StatusDetails =
"ShutDown" PowerOnTime = "2008-11-05T21:00:01 +08:00" CounterUnit =
"Sheets" >
    < Device DeviceID = "BR_002" DeviceType = " B300"
Manufacturer = "Beiren"/ >
    </DeviceInfo >
    </Signal >
    </JMF >
```

在此代码中，根节点 "JMF" 直接包含 "Signal" 元素，显示其为 Signal 消息。它描述了编号为 "BR_002"（DeviceID = " BR_002"）的印刷机是在 "2008-11-05T21：00：01 +08：00"（PowerOnTime = " 2008-11-05T21：00：01 +08：00"）时刻启动的，此刻状态变化为关机状态（StatusDetails = " ShutDown"）。

13.2.2 SOAP 协议与 SOAP 包封

1. SOAP 协议

简单对象访问协议（Simple Object Access Protocol，SOAP）是一种通用的、独立的、基于 XML 标准的、与平台无关的访问协议。它为在一个松散的、分布的环境中使用 XML 对等地交换结构化和类型化的信息提供了一个简单的轻量级机制。SOAP 本身并不定义任何应用语义，它只为应用语义的表示定义了一种简单的机制，这使得 SOAP 可被用于从消息传递到远程过程调用（Remote Procadure Call，简称 RPC）的各种系统。

SOAP 1.0 规范发布于 1999 年，并主要由 Microsoft 公司发起，目前最新的版本是 2007 年发布的 SOAP 1.2。SOAP 是一个基于 XML 的通信协议，XML 是 SOAP 的编码格式。XML 以一种开放的、自我描述的方式定义数据结构，在描述数据内容的同时能够突出对结构的描述，从而体现出数据之间的关系，这样所组织的数据对于应用程序和程序员都是友好且可操作的，而且 XML 采用 Unicode 支持的文本格式，可使数据实现跨平台编码和格式化。

SOAP 把 HTTP、SMTP 和 MQ Series 等网络协议与 XML 的灵活性和可扩展性组合在一起。SOAP 简单地理解，就是这样的一个开放协议：SOAP = RPC + HTTP + XML，即采用 HTTP 作为底层通信协议，RPC 作为一致性的调用途径，XML 作为数据传送的格式，允许服务提供者和服务客户经过防火墙在 Internet 进行通信交互。因此，SOAP 使用 HTTP 作为网络通信协议，接受和传递参数采用 XML 作为数据格式，使得它成为与平台和环境无关的协议。

SOAP 协议包含的基本内容格式如下：

1）SOAP 包封（SOAP Envelope）是 SOAP 消息的信息框架，用来表示消息中包含什么内容、谁来处理这些内容以及这些内容是可选的还是必需的。它定义了一个以 SOAP 报头（SOAP Header）、SOAP 主体（SOAP Body）为子主体的描述结构。SOAP 报头提供了一个可伸缩的机制，用于在分散的模块化中扩展 SOAP 消息，而通信双方并不需要预先约定的知识。SOAP 主体元素提供一个与消息最终接收者做交换处理的信息机制，在 SOAP Body 中可以描述应用入口调用和响应的各种数据信息。

2）SOAP 编码规则（Encoding Rules）定义了用以交换应用程序定义数据类型实例的一系列机制，它基于一个简单类型系统，而这个系统是程序语言、数据库和半结构数据中类型系统的公共特性的泛化，其默认定义与 XML Schema 是相容和基本一致的。

3）SOAP RPC（RPC Representation）表示定义了一个用来表示远程过程调用和应答的协定，利用 XML 的可扩展性和可伸缩性来包装和交换 RPC 调用。目前，通过绑定各种已有的 Internet 协议，如 HTTP、SMTP、POP3 等，利用这些协议的调用响应机制，完成 SOAP 的调用和响应。具体地说，SOAP 消息会作为这些协议的正文被发送。SOAP RPC 表示最终面向传输的绑定机制。

4）SOAP 绑定（Binding）定义了使用底层协议交换信息。

2. SOAP 包封与 JDF 通信

一个 SOAP 消息包的结构如图 13-2 所示，包含了 HTTP 报头和 SOAP 包封两部分，SOAP 包封又包含 SOAP 报头和 SOAP 主体。HTTP 报头字段的主要用处是为服务器提供一种快速过滤 SOAP 请求的方法；SOAP 包封是 SOAP 消息，由 SOAP 包封。SOAP 包封也是一个 XML 文档，SOAP 包封是根元素，SOAP 报头和 SOAP 主体是子元素。

下面是一个发送 JMF 消息的 SOAP 消息包，其代码如下：

```
<? xml version = "1.0" encoding = "UTF-8"? >
```

图 13-2 SOAP 信息包的组件

```
< SOAP-ENV:Envelope xmlns:SOAP-ENV = "http://schemas.xmlsoap.org/
soap/envelope/"
xmlns:xsi = "http://www.w3.org/2001/XMLSchema-instance"
xmlns:xsd = "http://www.w3.org/2001/XMLSchema" >
< SOAP-ENV:Header > … </SOAP-ENV:Header >
< SOAP-ENV:Body >
< JMF xmlns:xsi = "http://www.w3.org/2001/XMLSchema-instance"
xmlns = "http://www.CIP4.org/JDFSchema_1_1" SenderID = "Alces"
TimeStamp = "2004-08-30T17:23:00 +01:00" Version = "1.2" >
< Signal ID = " M081105213003" Type = "Status" >
…
</Signal >
</JMF >
</SOAP-ENV:Body >
</SOAP-ENV:Envelope >
```

"SOAP-ENV：Envelope" 是 SOAP 包封，它表明了一个 SOAP 文档的边界，其属性指明了包封中使用的名字空间。"SOAP-ENV：Body" 是 SOAP 主体，用来存放实际数据或消息的有效负载（本例中为 JMF 消息），从而提供给最终的接受者使用或处理。当客户端发送一个这样的 SOAP 消息给服务器后，服务器则可通过打开 SOAP 包封的过程来获得 SOAP 主体中 JMF 消息，从而实现 JMF 消息的通信。

13.2.3 基于 SOAP 的 JMF 消息通信的实现

SOAP 是一个 Web 服务标准，使用 HTTP 来实现 RPC 通信，且允许服务提供者和服务客户在 Internet 中经过防火墙进行通信交互。SOAP 对它的有效负荷用 XML 进行编码作为 SOAP 体，并封装在 SOAP 封套中。JMF 消息是 XML 小文档，在实现"信号"消息通信时，可将 Signal 消息作为 SOAP 体封装在 SOAP 封套中，然后通过 SOAP 消息通信实现 JMF 消息通信，其实现原理如图 13-3 所示。实现的通知"设备"工作状态变化的单向 JMF 消息通信同样发生在 Web 服务器端的"生产监视"模块和"设备"桌面程序内的"状态管理"模块间。

图 13-3 基于 SOAP 的单向 JMF 通信
1—状态变更时生成描述"设备状态"的 Signal 消息 2—将 Signal 消息封装在 SOAP 封套中，并生成一个 SOAP 消息 3—接收 SOAP 消息，打开 SOAP 封套，并从 SOAP 体中析取 Signal 消息 4—接收并处理 Signal 消息

用 Java 在 SOAP 客户端实现生成 SOAP 消息时，首先将"状态管理"模块生成的 Signal 消息用 DOM 解析到 Document 对象中，然后用两个 Vector 对象分别定义 SOAP 包封（SOAP-ENV：Envelope 元素）和 SOAP 主体（SOAP-ENV：Body 元素），随后在定义 SOAP 包封的 Vector 对象中创建 SOAP 报头的内容，Signal 消息的内容则通过 Vector. add（Document. getDocumentElement ()）方法加载给另一个 Vector 对象而形成 SOAP 体，最后创建一个 Envelope 对象为 SOAP 封套，并利用 envelope. setHeader 方法和 envelope. setBody 方法将分别含有 SOAP 报头和 SOAP 体的 Vector 对象加载到 Envelope 对象中，从而形成如下的 SOAP 消息：

```
< SOAP-ENV:Envelope xmlns:SOAP-ENV = "http://schemas. xmlsoap. org/
soap/envelope/" … >
< SOAP-ENV:Header > … </SOAP-ENV:Header >
< SOAP-ENV:Body >
< JMF … >
< Signal ID = " M081105213003" Type = "Status" >
…
</JMF >
</SOAP-ENV:Body >
</SOAP-ENV:Envelope >
```

下面给出的是在服务端 SOAP 客户端（设备端）中实现 SOAP 消息的生成与发送功能的 Java 代码（sendSOAPMessage 方法）：

```java
public void sendSOAPMessage (URL url, String dataFileName)
throws Exception
{
  receiveURL = url;
  m_dataFileName = dataFileName;
  System. out. println ("sending…");
try{
//读取 XML 文档,将其解析成 DOM
  FileReader fr = new FileReader(m_dataFileName);
//通过调用 Apache getXMLDocBuilder 方法得到一个解析器,它返回一个 DocumentBuilder 对象
    DocumentBuilder xdb = org. apache. soap. util. xml. XMLParserUtils. getXMLDocBuilder ();
    System. out. println ("get Parser…");
//通过解析器解析文档,得到一个 Document 对象
    Document doc = xdb. parse (new InputSource (fr) );
```

```
    if(doc = = null){
    throw new SOAPException(Constants.FAULT_CODE_CLIENT,"parsing
error");}
  //建立一个Vector来放置头元素
    Vector headerElements = new Vector();
     Element headerElement = doc.createElementNS(URI,"jaws:Mes-
sageHeader");
    headerElement.setAttributeNS(URI,"SOAP-ENV:mustUnderstand","
1");
  //建立头元素中的子节点
    Element ele = doc.createElement("From");
    Text textNode = doc.createTextNode("Me");
    Node tempNode = ele.appendChild(textNode);
    tempNode = headerElement.appendChild(ele);
    ele = doc.createElement("To");
    textNode = doc.createTextNode("You");
    tempNode = ele.appendChild(textNode);
    tempNode = headerElement.appendChild(ele);
    ele = doc.createElement("MessageId");
    textNode = doc.createTextNode("9999");
    tempNode = ele.appendChild(textNode);
    tempNode = headerElement.appendChild(ele);
    headerElements.add(headerElement);
    Vector bodyElements = new Vector();
  //获取顶层DOM元素,放到向量中。顶层节点的下层节点元素的创建和添加工作由
DOM解析器负责
    bodyElements.add(doc.getDocumentElement());
    Envelope envelope = new Envelope();
    Header header = new Header();
    header.setHeaderEntries(headerElements);
    envelope.setHeader(header);
    Body body = new Body();
    body.setBodyEntries(bodyElements);
    envelope.setBody(body);
     org.apache.soap.messaging.Message msg = new org.apache.soap.
messaging.Message();
    fr.close();
    msg.send(receiveURL,URI,envelope);
    org.apache.soap.transport.SOAPTransport st =msg.getSOAPTransport();
```

```
    BufferedReader br = st. receive ();
    String line = br. readLine();
    if(line = = null) {
    System. out. println ("HTTP POST was successful. \n"); }
    else {
    while (line ! = null) {
        System. out. println (line);
        line = br. readLine ();}}}
catch(Exception e){
    e. printStackTrace (); }
}
```

13.3 Socket 接口与双向 JMF 消息通信

13.3.1 Socket 技术概述

套接字（Socket）是一种基于网络进程通信的接口，用于表达两台计算机之间在一个连接上的两个"终端"，即针对一个连接，每台计算机都有一个 Socket 在它们之间建立一条虚拟的"线缆"，以提供可靠的连接。

Java 语言提供了两类 TCP Socket，一类是用于服务器端的 java. net. ServerSocket 类，一类是用于客户端的 java. net. Socket 类。当客户端和服务器端连通时，它们就建立了一个连接。

一个 Socket 由主机号、端口号、协议名组成，主机号是所要连接服务器的网络地址或 IP 地址。由于在 Internet 上一个 IP 地址不足以完整标识一台计算机，因此 Socket 提供了端口号，独一无二地标识了服务器端运行的每一种服务。端口号由一个整型变量来表示，由于计算机的操作系统保留了 1 ~ 1024 号的端口，因此在编写程序时应该确保所用的端口号与操作系统的端口号没有冲突。协议名表示建立连接的协议。通过 Socket，客户端可以连接到所要连接的服务器端。

通过 Socket 在客户端和服务器端建立连接的过程如下：

1) 服务器建立监听进程，监听每个端口是否要求进行通信。

2) 客户端创建一个 Socket 对象，向服务器端发送连接请求。

3) 服务器监听到客户端的请求，创建一个 Socket，与客户端进行通信。

客户端和服务器端进行通信时，Java 使用了 Stream 对象，一个 Stream 包括两个流对象，即 InputStream 和 OutputStream。如果一台计算机要向另一台计算机发送数据，则只需写入 OutputStream，另一台计算机则需要通过读取 InputStream 来接收数据，过程如下：

1) 打开 Socket 及其输入/输出流。

2) 根据协议名读写 Socket。

3) 通信结束后关闭 Socket。

13.3.2 基于 Socket 的 JMF 消息通信的实现

为实现用户询问设备状态的双向 JMF 消息通信，分别在 Web 服务器端用 Servlet 程序实现一个"生产监视"模块，在"设备"桌面程序内开发一个"状态管理"模块。用户首先在 Web 页通过表单数据向"生产监视"模块提交状态询问需求，然后"生产监视"模块采用 Windows Sockets 技术向被询问"设备"的"状态管理"模块发送询问设备状态的 Query 消息；"状态管理"模块在接收到 Query 消息后，利用 DOM 解析此 JMF 文档获得询问需求，根据需求立刻生成一个描述设备状态的 Response 消息并反馈给"生产监视"模块；"生产监视"模块在接收到 Response 消息后，立刻用 DOM 解析此 JMF 文档，然后将其中描述设备状态的参数以表单数据形式提交给用户的 Web 页并显示出来，从而实现一次设备状态的询问与反馈过程。其中，"生产监视"模块和"状态管理"模块间的"询问-响应"的双向 JMF 消息通信实现原理如图 13-4 所示。Windows Sockets 是 TCP/IP 的一个接口，Socket 通过 TCP/IP 为"生产监视"模块和"状态管理"模块间提供交互通信的可靠连接。

Q：询问设备状态的 Query 消息

R：回复设备状态的 Response 消息

图 13-4　基于 Socket 的双向 JMF 通信

用 Java 实现时，当"设备"的桌面程序启动后，"状态管理"模块创建一个服务端 Socket 对象并开始监听，"生产监视"模块在发送 Query 消息时会创建一个客户端 Socket 对象，并向被询问的服务端 Socket 对象发送连接请求。服务端 Socket 对象接收到连接请求后，用方法 Socket. accept() 创建新的 Socket 对象用于与发出请求的客户端 Socket 对象进行通信，即首先此新的 Socket 对象用方法 Socket. getInputStream() 接收客户端 Socket 发送的含有 Query 消息的 ObjectInputStream 对象，并将其强制转型为 DOM 中的 Document 对象，解析此对象后获得消息中的询问信息。然后用方法 Socket. getOutputStream() 创建一个 ObjectOutputStream 对象，并根据询问信息生成 Response 消息并存放在另一个 Document 对象内，随后用方法 ObjectOutputStream. writeObject() 将此 Document 对象写入到 ObjectOutputStream 对象中。最后用方法 ObjectOutputStream. flush() 将 ObjectOutputStream 对象发送给客户端的 Socket 对象，随后关闭此 Socket 对象；客户端的 Socket 对象也用方法 Socket. getInputStream() 接收含有 Response 消息的 ObjectInputStream 对象，随后关闭客户端的 Socket 对象。

下面给出的是服务端 Socket 对象（设备端）的 Java 实现代码：

```
ServerSocket serverSocket = null;
try {serverSocket = new ServerSocket(1234);
    System. out. println("Server started...");}
catch (IOException e) {
    e. printStackTrace();}
```

```
while (true) {
try {
    Socket server = serverSocket. accept ();
    serveClient serveClient1 =
    new serveClient (server, status1, jobInfo1, deviceInfo1);
    Thread thread = new Thread (serveClient1);
    thread. start ();   }
catch (IOException e) {
    e. printStackTrace (); }
}
```

上述代码中的 serveClient 方法是：

```
public serveClient (Socket s, Status status1, JobInfo jobInfo1, De-
viceInfo deviceInfo1) {
    this. server = s;
    this. jobInfo1 = jobInfo1;
    this. status1 = status1;
    this. deviceInfo1 = deviceInfo1;
}
public void run () {
try {
//创建 Socket 的服务器端,然后接收来自客户端的数据流,并利用 saveXMLFile 函
数保存到 F:\JMFMESSAGES \JMFMESSAGES \query. jmf
    ObjectInputStream fromClient = new ObjectInputStream (server.
getInputStream ());
    ObjectOutputStream toClient = new ObjectOutputStream (server.
getOutputStream ());
Document document = (Document) fromClient. readObject ();
saveXMLFile sXF = new  saveXMLFile ();
if (document ! = null) {
    JOptionPane. showMessageDialog (null, "Server: 接收到了一个 JMF 询
问消息!");
    sXF. saveXMLFile (document, "F:\JMFMESSAGES \\query. jmf"); }
//发送回复前,先自动读取 JobInfo 中的参数,然后修改 F:\\JMFMESSAGES\\JMF-
SEND\\ResponseStatus. xml 中的 Jobphase 元素节点
    DocumentBuilderFactory factory = DocumentBuilderFactory. ne-
wI-nstance ();
    DocumentBuilder builder = factory. newDocumentBuilder ();
```

```
        document = builder.parse(new FileInputStream("F:\\JMFMESSAG-
ES\\JMFSEND\\ResponseStatus.xml"));
        Element root = document.getDocumentElement();
    //修改 TimeStamp
        getSendTime t = new getSendTime();
        String time = t.getSendTime();
        Attr timeStamp = root.getAttributeNode("TimeStamp");
        timeStamp.setValue(time);
    //修改 ID
        getJMFID jmfID = new getJMFID();
        String id = jmfID.getJMFID();//获得一个 JMF ID
        NodeList nodelist = document.getElementsByTagName ( "Re-
sponse");
        NamedNodeMap attributes = nodelist.item(0).getAttributes();
        attributes.getNamedItem("ID").setNodeValue(id);
    //利用 ResponseMessage 函数修改 Jobphase 和 DeviceInfo 元素节点
        ResponseMessage responseMessage = new ResponseMessage();
        document = ResponseMessage.changeResponseMessage (jobInfo1,
document, deviceInfo1);
    //修改后,传回 Document
        toClient.writeObject(document);
        toClient.flush();
        JOptionPane.showMessageDialog (null,"Server: 回 复 一 个 JMF
消息!");
        fromClient.close();
        toClient.close();
        server.close(); }
    catch (Exception e) {
        e.printStackTrace();}
    }
```

13.4 云计算及其在 CIPPS 中的应用

13.4.1 云计算概述

2008 年,似乎是一夜之间,所有的主流 IT 厂商都开始谈论"云计算",这些厂商既包括硬件厂商(如 IBM、惠普、英特尔、思科等)、软件开发商(如微软、Oracle、VMware等),也包括互联网服务提供商(如谷歌、亚马逊等)和电信运营商(如中国移动、AT&T

等）。然而，由于云计算是一个概念，而不是指某项具体的技术和标准，于是不同的人从不同的角度出发就会对其有不同的理解。

目前，大家普遍认为来自美国国家标准与技术研究院（NIST）的云计算定义是较为权威的：云计算是一种对 IT 资源的使用模式，是对共享的可配置的计算资源（网络、服务器、存储、应用和服务）提供无所不在的、便捷的、按需的网络访问；这些资源可以通过很少的管理代价或与服务供应商的交互被快速地准备和释放。

对于不同的云方案，可以从云计算的部署方式和服务类两个方面对其进行"双纬度"分析。

根据云技术的部署方式和服务对象范围可以将云分为三类，即公共云、私有云和混合云。

（1）公共云　当云以按服务方式提供给大众时，称为"公共云"。公共云由云提供商运行，为最终用户提供各种各样的 IT 资源。云提供商可以提供从应用程序、软件运行环境，到物理基础设施等各种 IT 资源的安装、管理、部署和维护。最终用户通过共享的 IT 资源实现自己的目的，并且只要为其使用的资源付费，通过这种比较经济的方式获取自己需要的 IT 资源服务。

（2）私有云　商业企业和其他社会团体组织不对公众开放，将云基础设施与软硬件资源创建在防火墙内，以供机构或企业内各部门共享数据中心内的资源。

（3）混合云　即把"公共云"和"私有云"结合到一起的方式。用户可以通过一种可控的方式部分拥有，部分与他人分享。

依据云计算的服务类可以将云分为三层，即基础设施即服务，平台即服务和软件即服务。

（1）基础设施即服务云计算　基础设施即服务（Infrastructure-as-a-ServiceI，IaaS）位于云计算三层服务的最底部，即消费者通过 Internet 可以从完善的计算机基础设施获得服务。例如，硬件服务器和存储等硬件资源的租用。

（2）平台即服务　平台即服务（Platform-as-a-Service，PaaS）位于云计算三层服务的中间，通常也称为"云计算操作系统"。它提供给终端用户基于互联网的应用开发环境，包括应用编程接口和运行平台等，并支持应用从创建到运行的整个生命周期所需的各种软硬件资源和工具。在 PaaS 层面，服务提供商提供的是经过封装的 IT 能力，或者说是一些具有逻辑的资源，如数据库、文件系统和应用运行环境等。

（3）软件即服务　软件即服务（Software-as-a-Service，SaaS）是最常见的云计算服务，位于云计算三层的顶端。用户通过标准的 Web 浏览器使用 Internet 上的软件。服务供应商负责维护和管理软硬件设施，并以免费或按需租用的方式向最终用户提供服务，用户无须购买软件。

以上三层，每层都有相应的技术支持以提供该层的服务，且均具有云计算的特征，如弹性伸缩和自动部署等。每层云服务可以独立成云，也可以基于下面层次的云提供的服务。每种云可以直接提供给最终用户使用，也可以用来支撑上层的服务。

13.4.2　云计算在 CIPPS 中的应用

计算机集成印刷系统在引入云时，首先需要考虑使用哪种云计算的部署方式。由于公共云、私有云和混合云各有特征，因此需要根据企业的实际情况合理选择。

在公共云中，最终用户不知道与其共享资源的还有其他哪些用户，以及具体的资源底层如何实现，甚至几乎无法控制物理基础设施，所以云服务提供商必须保证所提供资源的安全性和可靠性等非功能需求。云服务提供商也因这些非功能服务的提供的不同而进行分级。特别是需要严格按照安全性和法规遵从性的云服务要求来提供服务，也需要更高层次、更成熟的服务质量保证。对于终端用户来说，无须高成本去建设云计算服务器，但必须考虑与云计算连接的带宽、提供云计算的服务质量等。

私有云的服务提供对象针对企业和社团内部，私有云的服务可以更少地受到公共云中必须考虑的诸多限制，如带宽、安全性和法规遵从性等。而且，通过用户范围控制和网络限制等手段，私有云可以提供更多安全和私密等专属性的保证。但是，企业必须对私有云实施项目进行精心的规划，必须考虑私有云的建设成本、安全性、性能以及其他等因素。

混合云则兼顾公共云和私有云的特征，企业可以利用公共云的成本优势，将非关键应用部分运行在公共云上，同时将安全性要求更高、关键性更强的主要应用通过内部的私有云提供服务。这些云可以由企业创建，而管理职责由企业和云服务提供商共同承担。

对于云计算在计算机集成印刷系统的应用可以是多方面的，例如，利用云计算的 IaaS 和 SaaS 是最为常见的应用。

在印刷制造系统中，需要大量的计算机存储空间进行图文数据的存储以及高性能的计算机进行图形图像处理；在图形图像处理过程中，也会用到大量的图形图像处理软件。为了降低企业初期的 IT 投入成本，可以引入云计算。

例如，印刷企业可以租用一个公共云，通过 IaaS 方式获得计算机存储空间的服务，所有需要存储的数据上传到云中即可。此外，企业还可以租用各种基于 SaaS 方式的图形图像处理云软件，进而实现基于云计算的图像处理。

基于云计算的图像处理的基本原理是：首先，图像处理软件开发商在"云计算操作系统"内开发一个用于图像处理的基于云计算的软件（服务），并放到租用的云空间中，且这个租用的云空间已经用虚拟化技术被虚拟成一个类似 Web 服务器一样的功能区；需要进行图像处理的终端用户先通过网络访问该图像处理的云服务，进入图像处理的网页交互界面，该网页界面与常用的桌面软件界面（如 Photoshop 的界面）一样，然后用户直接利用该界面开始像平时使用本地安装的 Photoshop 一样进行图像处理。但其与使用本地安装的软件有着本质的区别：所有的图像处理计算都在被虚拟化的云空间内完成，本地计算机上仅承担界面显示、操作交互和图像处理结果的显示。每次操作都会将需要处理的对象数据通过网络传送到云空间，然后经过计算后把结果通过网络送回本地显示，这个被虚拟化的云空间就像我们的主机一样功能强大。这样，我们就可以使用一个配置很低的计算机去处理数据量非常大的图片，并且还不需要在本地安装软件，只要能上网就行。

对于一些大型的印刷制造企业，则可以在企业内部建立私有云，印刷企业内的各种软件就都可以使用云软件，数据也可以统一存放在云服务器中，进而优化企业的数据处理。

目前，云计算的应用还处于初始阶段，特别是在印刷制造系统中的应用还较少。但云计算在 IT 设施的高效率应用、与互联网和物联网等的紧密结合，都将为印刷制造系统的优化和变革带来更多的可能性。

参考文献

［1］ 杨斌. JDF——未来印刷的通用语言［EB/OL］.（2006-07-20）［2007-12-05］. http：//www. fzysw. com/fzyswwww/shownews. asp？id=330.

［2］ 金杨. 数字化工作流程和印刷生产的集成化［J］. 今日印刷，2002，(7).

［3］ 孔玲君，姚海根. 页面描述语言与格式［M］. 上海：上海科学技术出版社，2004.

［4］ 印刷工作流程管理系统——让印刷变得简单［EB/OL］.（2007-6-27）［2007-6-29］http：//www. cpp114. com/news/newShow_ 90975. htm.

［5］ 耿祥义. XML 基础教程［M］. 北京：清华大学出版社，2006.

［6］ 顾兵. XML 实用技术教程［M］. 北京：清华大学出版社，2007.

［7］ 谢来勇，郝永平，张秉权. 基于 XML 的产品信息模型表示及应用［J］. 计算机集成制造系统，2004，10（12）：1492-1496.

［8］ Bernd Zipper. Pdf + print［M］. Heidelberger：dpunkt Verlag，2005.

［9］ Dr. Hoffmann-Walbeck. Druckformherstellung Offset-Job Definition Format［R］. Stuttgart：Hochschule der Medien，2006.

［10］ 范玉顺，刘飞，祁国宁. 网络化制造系统及其应用实践［M］. 北京：机械工业出版社，2003：235-236.

［11］ 谌震文，王平，马万里. 基于 XML 的 EPA 可扩展设备描述语言设计及应用［J］. 计算机集成制造系统，2005，11（7）：959-962.

［12］ Wolfgang Kuhn. Simulation of the production chain by use of an XML-based Job Definition Format［EB/OL］.（2002-06-23）［2008-12-23］. http：//wenku. baidu. com/link？url=ub-8SBlw3zrlscjgj Z1S2Siaqax 96o2wTYGFDjL1BTIzeudktrFHGHAOeOvC8TkCo2zBAjuf7KzhNjL3Ck4ixP07XKaVINeGjsGTfDWVeaW.

［13］ 齐建军，刘爱军，雷毅，等. 基于 XML 模式的制造信息集成规范的研究［J］. 计算机集成制造系统，2005，11（4）：565-5713.

［14］ Claes Buckwalter. A JDF-enabled workflow simulation tool［EB/OL］. http：//www. cip4. org/document _ archive / documents / JDF_ Simulation_ Tool_ -_ Buckwalter. pdf.

［15］ 罗如柏. JDF 在打样中的应用研究［D］. 西安：西安理工大学，2007.

［16］ 左孝凌，李为鑑，刘永才. 离散数学［M］. 上海：上海科学技术文献出版社，1982：328-337.

［17］ Albert Such, Hewlett-Packard. Application Note/Imple-menting Proofing, Soft Proofing and Proof Approval in JDF 1. 2［EB/OL］. http：//www. CIP4. org.

［18］ 李培根，张洁. 敏捷化智能制造系统的重构与控制［M］. 北京：机械工业出版社，2003：167-175.

［19］ 吴澄. 现代集成制造系统导论——概念、方法、技术和应用［M］. 北京：清华大学出版社，施普林格出版社，2002：1-26.

［20］ Wolfgang Kühn, Martin Grell. JDF-process integration, technology, product description［M］. Berlin Heidelberg：Springer-Verlage，2005.

［21］ 华中生. 柔性制造系统和柔性供应链——建模、决策与优化［M］. 北京：科学出版社，2007.

［22］ Wolfgang Kühn. JDF-Vernetzungskonzept［EB/OL］. http：//www. dmt. uni-wuppertal. de/JDF-Beispiel-produkt. 1145. 0. html.

［23］ XML Schema for JDF Version 1. 3［EB/OL］.（2005-9-13）［2010-6-10］. http：//www. CIP4. org/schema/JDFSchema_ 1_ 3/JDF. xsd.

［24］ CIP4. JDF Open Source［EB/OL］.［2016-05-13］. https：//cip4. org//jdfork. html.

［25］ JDF Specification Release 1. 5 ［EB/OL］. （2013-12-31）［2015-08-26］https：//confluence. cip4. org/download/attachments/1376343/CIP4％20JDF％20Specification％201. 5. pdf.

［26］ 罗如柏，周世生. 微利时代的印刷业制造系统 ［J］. 广东印刷，2006，（4）：11-12.

［27］ 罗如柏，赵金娟，周世生. JDF 工作流程中的拼大版节点 ［J］. 包装工程，2006，27 （2）：259-260，263.

［28］ 罗超理，高云辉. 管理信息系统原理与应用 ［M］. 3 版. 北京：清华大学出版社，2012.

［29］ 薛华成. 管理信息系统 ［M］. 6 版. 北京：清华大学出版社，2012.

［30］ 张月玲，卢潇，等. 管理信息系统 ［M］. 北京：清华大学出版社，北京交通大学出版社，2005.

［31］ 甘仞初. 管理信息系统 ［M］. 北京：机械工业出版社，2001.

［32］ 黄梯云，李一军. 管理信息系统 ［M］. 北京：高等教育出版社，2000.

［33］ 张涛，邵志芳，吴继兰. 企业资源计划原理与实践 ［M］. 北京：机械工业出版社，2010.

［34］ 陆安生，吴巍. ERP 原理与应用 ［M］. 北京：清华大学出版社，2010.

［35］ 朱江，陈小鹏，韦海英. 企业资源计划 （ERP）—原理实施应用 ［M］. 3 版. 北京：电子工业出版社，2012.

［36］ 谢中辽. 辽宁省印刷企业中 ERP 系统的设计与应用 ［D］. 成都：电子科技大学，2014.

［37］ 朱字典. 一则印刷 ERP 成功案例分析 ［J］. 印刷技术，2015 （12）.

［38］ 慕梁. 爱德印刷——ERP 换型之旅 ［J］. 印刷经理人，2010 （3）.